EXPOSITION UNIVERSELLE DE 1889

DOMAINE D'ARCY

DE 489 HECTARES

SITUÉ A CHAUMES-EN-BRIE

(SEINE-ET-MARNE)

EXPLOITÉ EN VUE DE LA PRODUCTION DU LAIT

PAR

L. NICOLAS

PROPRIÉTAIRE

PARIS

LIBRAIRIE LÉOPOLD CERF

13, RUE DE MÉDICIS, 13

1889

DOMAINE D'ARCY-EN-BRIE

ROMANS D'ARCY

BÂTIMENT D'EXPLOITATION
Construit en 1873

Imp. A. Salmon

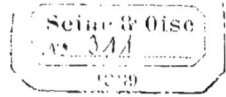

EXPOSITION UNIVERSELLE DE 1889

DOMAINE D'ARCY

DE 489 HECTARES

SITUÉ A CHAUMES-EN-BRIE

(SEINE-ET-MARNE)

EXPLOITÉ EN VUE DE LA PRODUCTION DU LAIT

PAR

L. NICOLAS

PROPRIÉTAIRE

PARIS

LIBRAIRIE LÉOPOLD CERF

13, RUE DE MÉDICIS, 13

1889

AVERTISSEMENT

Les objets divers que j'ai présentés à l'Exposition universelle de 1889 dans la classe 74 (groupe VIII), ont pour but de faire connaître comment j'ai organisé et j'exploite la ferme d'Arcy-en-Brie.

Ce domaine est cultivé en vue de la production du lait.

Il est représenté par un plan général qui constate qu'il est aujourd'hui d'un seul tenant et qu'il a été entièrement drainé.

La ferme située presque au centre des terres labourables est reproduite très exactement au quinzième. Des tableaux représentent l'intérieur des vacheries, de l'écurie, des laiteries et les vaches dans le pâturage; ces divers objets ont pour complément les ustensiles et véhicules qui servent au transport du lait de la station de Chaumes à Paris.

Des spécimens représentent les céréales et les plantes fourragères récoltées en 1888 à Arcy.

J'ai complété cette exposition en plaçant sous les yeux du public des tableaux imprimés résumant les faits qui ont eu lieu à Arcy depuis 1872. Ces tableaux représentés par la présente brochure ont pour titres :

1. Historique du domaine et nature du sol et du sous-sol ;
2. Améliorations foncières ;
3. Constructions agricoles et matériel ;
4. Détails culturaux et capital d'exploitation ;
5. Fertilisation ;
6. Statique agricole ;
7. Rendement des plantes ;
8. Bétail ;
9. Production et vente du lait ;
10. Vaches laitières.

C'est en 1873 que l'idée me vint de profiter des facilités que m'offrait ma maison de commerce pour livrer du lait directement à la consommation et introduire ainsi dans Paris un aliment pur qui lui faisait complètement défaut. Aussi puis-je affirmer que c'est moi, le premier, qui ai pris l'initiative de l'introduction du lait, dans Paris, en boîtes de cristal de un ou deux litres, et tel que les vaches le donnent. Personne, j'en suis persuadé, ne me contestera la priorité de cette innovation qui est justifiée par les récépissés du chemin de fer de l'Est.

Cette industrie, si profitable à l'agriculture, s'est généralisée non seulement en France, mais dans une grande partie de l'Europe et dans les deux Amériques.

La ferme d'Arcy m'a valu, en 1880, le prix cultural de la première catégorie au concours régional de Melun ; en 1884, la grande médaille d'or de la Société nationale d'agriculture de France ; en 1884, la croix de chevalier de la Légion d'honneur ; en 1887, la prime d'honneur de Seine-et-Marne au concours régional de Melun.

Je dois avouer, en terminant et en toute humilité, que je ne suis pas né agriculteur. Le peu que je sais, je l'ai appris par les ouvrages et les enseignements du savant chimiste M. JOULIE, et aussi par les conseils de mon ami Emile RÉMOND, l'éminent agriculteur de la ferme de Mainpincien. Je suis heureux de rendre à ces deux agronomes distingués la part qui leur revient dans les succès que j'ai obtenus à Arcy.

Si tous les agriculteurs suivaient la méthode et les conseils de M. JOULIE, la France produirait plus du double de ce qu'elle produit en céréales, et on pourrait envisager d'un œil tranquille les productions américaines ou indiennes.

L. NICOLAS.

I

LE DOMAINE

1. — SITUATION ET ÉTENDUE

Le domaine d'Arcy dépend des communes de Chaumes, de Courtomer et d'Argentières (Seine-et-Marne), qui comprennent 2,340 habitants.

Il est situé à 7 kilomètres de Mormant, à 20 kilomètres de Melun et à 52 kilomètres de Paris. Il est desservi par la gare de Verneuil (ligne de Paris à Mulhouse) qui en est éloignée de 6 kilomètres.

Le plateau sur lequel est situé le domaine d'Arcy est légèrement ondulé ; son altitude varie entre 106 et 128 mètres. On y remarque deux pentes, l'une qui se dirige vers le sud du côté de la rivière d'Yères et l'autre vers le nord.

2. — HISTORIQUE

Ce domaine a été acheté le 6 mars 1872. Il comprenait alors 272 hectares 42 ares qui se décomposaient comme suit :

	Hect.	Ares
Terres labourables.	123	98
Prés et pâture.	10	20
Bâtiments et cours.	»	68
Jardin et vignes	»	78
Chemins, mares, fossés	1	05
Peupliers.	»	09
Terres incultes.	79	18
Bois.	30	46
Réserve du propriétaire.	26	»
Total.	272	42

Le plan A indique l'état du domaine en 1872. (*Voir exposition.*)

Le domaine était très morcelé quand il fut acheté. Aujourd'hui, il forme un ensemble de 489 hectares 28 ares d'un seul tenant, mais il a fallu 81 contrats d'acquisition ou d'échanges pour obtenir ce résultat. L'étendue des parcelles réunies à l'ancien domaine variait de 40 centiares à 132 hectares.

Le plan B indique l'état du domaine au 1er juillet 1872. (*Voir exposition.*)

A cette date, l'exploitation comprenait les surfaces suivantes :

	Hect.	Ares
Terres labourables	148	67
Prés et pâture	12	43
Bâtiments et cours	»	97
Jardins et vignes	1	26
Chemins, mares	1	51
Peupliers	»	09
Terres incultes	210	75
Bois	80	30
Réserve	26	»
TOTAL	481	98

Parmi les 210 hectares 75 ares de *terres en friches*, il y avait 140 hectares qui étaient complètement abandonnés depuis plus d'un demi-siècle.

3. — ÉTAT ACTUEL

Le domaine d'Arcy se divise aujourd'hui de la manière suivante :

1° EXPLOITATION AGRICOLE

	Hect.	Ares	Hect.	Ares
Terres labourables	305	52		
Prairies naturelles	15	96		
Bâtiments et cours	1	90		
Jardin et vignes	2	85		
Mares, marnières	»	46		
Oseraies	»	48		
Chemins d'exploitation	3	50 =	330	67
A reporter			330	67

2° CULTURE FORESTIÈRE

	Hect. Ares	Hect. Ares
Report		330　67
Bois anciens	81　81	
Nouvelles plantations.	40　94	
Peupliers	1　41 =	124　16

3° RÉSERVE

	Hect. Ares	Hect. Ares
Parc, château, potagers.	29　22	
Terres louées.	5　01	
Maisons louées.	»　22 =	34　45
TOTAL.		489　28

Le plan ci-joint indique l'état actuel du domaine.

	Francs Cent.
La partie agricole et forestière, d'une contenance de 246 hectares 42 centiares, a été achetée le 6 mars 1872.	246.767　16
Les terres et les bois achetés avant le 1ᵉʳ juillet de la même année comprenant 209 hectares 56 centiares ont été payés	296.259　26
TOTAL.	543.026　42

Il résulte de ces acquisitions que l'hectare a coûté, en moyenne en 1872 :

	Francs Cent.
Terres labourables	1.017　»
Sol forestier.	1.755　»
Les constructions agricoles ont occasionné une dépense totale de.	224.953　77

4. — NATURE DU SOL ET DU SOUS-SOL

Le sol du domaine d'Arcy appartient au terrain tertiaire.

La couche arable est argilo-siliceuse ou silico-argileuse. Elle est peu perméable, avant d'avoir été drainée, il était difficile de la façonner après les grandes pluies, sa profondeur varie de 0ᵐ20 à 0ᵐ50.

Le sous-sol sur lequel elle repose appartient aux argiles de Brie. Il est formé de couches argileuses auxquelles sont associées des graviers et du sable ferrugineux ; il présente des bancs disséminés de pierres meulières et dans certaines parties des roches siliceuses.

Les terres du domaine d'Arcy étaient peu productives en 1872, d'abord parce qu'elles étaient mal cultivées, ensuite parce qu'elles renfermaient un grand nombre de roches qui en rendaient la culture très difficile; enfin, une grande partie était restée inculte pendant une longue période. Sous l'influence des matières fertilisantes qui y ont été appliquées dans une forte proportion et des labours de défoncement qui y ont été opérés, elles ont acquis déjà une grande puissance.

Les terres considérées comme les *meilleures* du domaine contenaient, d'après les analyses faites en 1877 par M. JOULIE, les éléments ci-après :

Eléments utiles dans :	100 kilos		à l'hectare
	Gram.	Centigr.	Kilogrammes
Acide phosphorique	41	70	1.668
Potasse.	147	»	5.880
Soude	19	60	734
Chaux	844	»	33.760
Magnésie	141	»	5.640
Azote	60	20	2.408

Les terres considérées les *moins bonnes* contenaient :

Eléments utiles dans :	100 kilos		à l'hectare
	Gram.	Centigr.	Kilogrammes
Acide phosphorique	5	97	238
Potasse.	149	»	5.960
Soude	13	25	530
Chaux	747	»	29.880
Magnésie	67	20	2.688
Azote	45	»	1.800

Au moment où ces analyses étaient faites les terres étaient marnées.

Les principaux éléments manquant à la terre d'Arcy, j'ai dû faire un grand usage des superphosphates et phosphates fossiles ; ces derniers étaient répandus sur le fumier avant d'avoir été arrosé avec du purin ; ces phosphates dont le prix est relativement peu élevé ont augmenté notablement la puissance fertilisante de mes fumiers et ont élevé à peu de frais la provision d'acide phosphorique du sol.

La potasse était peu abondante, la culture de la luzerne m'a permis de ramener à la surface celle qui se trouvait dans les couches inférieures. C'est pourquoi j'ai fait emploi d'engrais potassique pour toutes les cultures qui font une consommation importante de cet élément; telles que betteraves, pommes de terre, fourrage artificiel, etc., etc.

Bien que les terres aient été marnées à 56 mètres cubes par hectare, la chaux se trouvait en quantité insuffisante, j'ai donc dû continuer de recourir aux engrais calcaires dans une large mesure tels que plâtre, chaux vive et défécations de sucreries; l'emploi de ces dernières a été de 1,175,000 kil. en 1887-1888.

Ne pouvant compter sur la richesse du sol pour fournir aux récoltes l'azote nécessaire, il m'a fallu aider le fumier par l'azote nitrique pour toutes les récoltes qui en font une certaine consommation, telles que la betterave, les céréales, etc. Le tableau inséré pages 30 et 31 fait connaître les engrais qui ont été employés sur le domaine de 1872-73 à 1888-89.

L'analyse des terres en 1889 donne la mesure des progrès accomplis ; on peut avancer avec assurance maintenant que la voie à suivre est nettement tracée par ces résultats.

D'après M. JOULIE, une terre fertile doit contenir à l'hectare, dans une couche de 0,20 centimètres d'épaisseur, les éléments ci-après :

4,000	kilogrammes d'acide phosphorique	
10,000	—	de potasse
100,000	—	de chaux
5,000	—	de magnésie
4,000	—	d'azote

Je crois utile, pour compléter ces détails, de mettre en regard (*voir pages 10 et 11*) les analyses comparatives faites par M. JOULIE pour les mêmes champs en 1882 et en 1889.

La composition à l'hectare est calculée pour une couche de 0^{m}20 d'épaisseur, qui est la profondeur moyenne des labours ordinaires. Si les calculs eussent été faits pour une couche de 0^{m}30 on aurait constaté que les éléments dosés y figureraient dans une bien plus grande proportion.

ANALYSE DES MÊMES

NOMS des CHAMPS	SUPERFICIE	ANNÉES	Acide Phosphorique		Potasse		Soude
			dans 100 kilos	à l'hectare	dans 100 kilos	à l'hectare	dans 100 kilos
	Hect. Ares Cent.		Gram. Cgr.	Kilogrammes	Gram. Cgr.	Kilogrammes	Gram. Cgr
Les Grands Réages .	7 50 04	1882	53 50	2.140	167 »	6.680	83 »
		1889	88 »	3 520	239 »	9.560	40 »
Le Bois des Parts. .	7 21 59	1882	46 »	1.840	175 »	7.000	34 »
		1889	86 »	3.440	223 »	8.920	28 »
Les Seize Arpents	6 90 99	1882	40 30	1.612	150 »	6.000	33 »
		1889	89 »	3.560	209 »	8.360	43 »
Le Fossé des Miroirs.	10 12 78	1882	72 20	2 888	198 »	7.120	15 »
		1889	91 »	3.640	264 »	10.560	63 »
Le Parc	9 30 66	1882	88 90	3.556	250 »	10.000	39 »
		1889	94 »	3.780	229 »	9.160	45 »
Les Grès	9 91 97	1882	48 70	1.948	121 »	4.840	42 »
		1889	99 »	3.960	211 »	8.440	38 »
La Remise arrachée .	8 43 85	1882	45 80	1.832	183 »	7.320	43 »
		1889	97 »	3.880	284 »	11.360	48 »
Le Chef-d'œuvre . .	11 55 93	1882	51 60	2.064	160 »	6.400	36 »
		1889	86 »	3.440	230 »	9.200	34 »
Le Chemin neuf . .	8 42 01	1882	37 »	1.480	146 »	5.840	111 »
		1889	90 »	3.600	233 »	9.320	29 »
Les Vignes	12 24 07	1882	51 60	2.064	106 »	4.240	33 »
		1889	84 »	3.360	239 »	9.560	29 »

Il résulte de ces diverses analyses que l'*acide phosphorique*, la *potasse* et la *chaux* ont notablement augmenté depuis 1882 dans quelques champs ; l'accroissement de la *soude* et de *l'azote* a été moins sensible que les autres

CHAMPS EN 1882 ET EN 1889

Soude à l'hectare	Chaux		Magnésie			Azote			OBSERVATIONS
à l'hectare	dans 100 kilos	à l'hectare	dans 100 kilos		à l'hectare	dans 100 kilos		à l'hectare	
Kilogrammes	Grammes	Kilogrammes	Gram.	Cgr.	Kilogrammes	Gram.	Cgr.	Kilogrammes	
3.320	776	31.040	197	»	7.880	122	»	4.880	Analyse de la terre prise sur luzerne.
1.600	1 199	47.960	231	»	9.240	93	»	3.720	
1.360	1.167	46.680	165	»	6.600	100	20	4.083	Analyse de la terre prise sur trèfle.
1.120	1.452	58.480	223	»	8.920	99	»	3.960	
1.320	950	38.000	43	70	1.768	100	20	4.008	Analyse de la terre prise sur trèfle.
1.720	1.363	54.520	218	»	8.720	104	»	4.160	
600	1.618	65.592	318	»	12.720	141	20	5.648	Analyse de la terre prise sur blé.
2.520	1.584	63.360	323	»	12.920	116	»	4.640	
1.560	1.164	46.560	313	»	12.520	184	40	7.376	Analyse de la terre prise sur blé, au midi, ayant été marnée et ayant porté luzerne.
1.800	1.397	55.880	283	»	11.320	126	»	5.040	
1.680	475	19.000	48	»	1.944	91	80	3.792	Analyse de la terre prise sur luzerne de 2 ans.
1.540	1.342	53.680	282	»	11.280	119	»	4.760	
1.720	1.208	48.320	116	»	4.640	105	40	4.216	Analyse de la terre prise sur luzerne de 3 ans.
1.920	1.508	60.320	279	»	11.160	128	»	5.120	
1.440	393	15.752	97	10	3.888	110	80	4.432	Analyse de la terre prise sur luzerne de 2 ans.
1.360	1.556	62.240	265	»	10.600	113	»	4.520	
4.440	339	13 560	192	»	7.680	75	20	3.008	Analyse de la terre prise dans une grange de la ferme.
1.160	1.308	52.320	271	»	10.840	103	»	4.120	
1.320	1.629	65.160	33	10	1.352	104	10	4.176	Analyse de la terre prise sur luzerne de 2 ans.
1.160	1.422	56.880	240	»	9.600	116	»	4.640	

éléments. Quoi qu'il en soit ces augmentations justifient, une fois de plus, la nécessité de bien connaître la composition des matières fertilisantes qu'on emploie et les besoins des plantes qu'on cultive.

II

AMÉLIORATIONS FONCIÈRES

Dès le début de ma culture, je me suis imposé la tâche de défricher les terrains improductifs, d'extraire les roches qui s'opposaient à la marche rapide et régulière des instruments aratoires, d'ouvrir de nouveaux chemins d'exploitation, enfin d'assainir les terres qui n'avaient point encore été drainées.

1. — DÉFRICHEMENT

Le défrichement des 210 hectares 75 ares, qui ne produisaient absolument rien, a été commencé en 1872 et terminé à la fin de 1873. Il a été exécuté au moyen de charrues attelées de quatre chevaux.

Ces labours ont été suivis par l'emploi du scarificateur et de herses très énergiques.

Ces diverses façons bien combinées ont permis de débarrasser les terres du chiendent et des chardons qui y végétaient avec une grande vigueur.

2. — EXTRACTION DE ROCHES

Les roches extraites des terres ont fourni 2,500 mètres cubes de pierres siliceuses.

Cette importante opération a été faite par des tâcherons jusqu'à la profondeur maximum de 3 mètres. Les ouvriers ont disposé à leur gré, comme compensation de leur travail, des pierres extraites. Les unes ont servi à faire des pavés, des dalles, des marches, etc., les autres ont été vendues au domaine à un prix réduit et ont été utilisées dans la construction de la ferme, des murs du potager, etc.

L'extraction de ces roches a produit çà et là de profondes excavations qu'il a fallu en grande partie combler par des apports de terre. Les ondulations qu'on observe encore sur certains points du domaine indiquent les places où ces utiles travaux ont été exécutés. Ces dépressions disparaîtront avec le temps sous l'action des labours.

3. — CHEMINS D'EXPLOITATION

Les quelques chemins ruraux qui traversaient le domaine étaient, en 1872, en très mauvais état ; plusieurs même étaient impraticables.

Ces chemins ont été réparés. Les parties empierrées ont une longueur totale de 4,128 mètres.

Les chemins d'exploitation créés depuis 1872 à travers les terres labourables ont une largeur qui varie de 6 à 8 mètres. Ils sont limités à droite et à gauche par des rigoles qui rendent plus facile l'écoulement des eaux pluviales sur la chaussée et les accotements.

Les parties empierrées l'ont été sur une largeur de 3 mètres. L'encaissement a été couvert de caillasse concassée formant blocage et ce dernier de pierrailles ramassées dans les champs.

Toutes ces nouvelles voies, d'une longueur totale de 7,740 mètres, ont rendu plus rapide et plus économique le transport des engrais et des récoltes.

4. — DRAINAGE

Le drainage a été commencé le 23 avril 1872 ; il a été terminé le 8 juin 1878.

La surface qui avait été assainie avant l'acquisition du domaine était de 20 hectares 85 ares, représentant 13,422 mètres de drains. Celle que j'ai fait drainer s'étend sur 335 hectares 44 ares.

Le nombre de tuyaux employés a été de 919,038 de tous calibres ; ils constituent une longueur totale de 255,527 mètres. Les tuyaux placés dans le fond des drains ont 0^{m}04 de diamètre, la largeur des tuyaux collecteurs a varié de 0^{m}05 à 0^{m}10.

Les *drains* placés, en moyenne, à 1^m,25 de profondeur, sont distants les uns des autres de 12 à 13 mètres et dirigés obliquement à la pente du terrain. Les *collecteurs* sont situés depuis 1^m,25 jusqu'à 2 mètres de profondeur. Les *regards* sont au nombre de cinq. Les *bouches des collecteurs* faites avec du ciment de Portland, sont munies de grilles mobiles.

La dépense totale a été de 111,486 fr. 85, soit en moyenne, 322 fr. 36 par hectare.

L'efficacité du drainage exécuté sur la terre d'Arcy ne fait aucun doute. Avant ce mode d'assainissement les travaux de culture y étaient presque impossibles. Le drainage a d'abord fonctionné lentement à cause de la nature du sol et du sous-sol. Aujourd'hui l'écoulement de l'eau a lieu partout d'une manière très satisfaisante.

5. — FOSSÉS D'ASSAINISSEMENT

Dans le but d'assainir la surface occupée par les bois et de faciliter l'écoulement de l'eau sortant des collecteurs, on a ouvert 10,617 mètres de fossés, et l'on en a approfondi 13,103 mètres.

Ce travail a donné lieu à une dépense de 9,564 fr. 22.

6. — ARBRES FRUITIERS

Le domaine d'Arcy possède un grand nombre d'arbres fruitiers.

Les *pommiers et poiriers à cidre* ont été plantés sur le bord des chemins d'exploitation à 8 mètres les uns des autres. Ils ont été plantés greffés. On les laboure au pied chaque année pour activer leur végétation.

On a choisi de préférence des variétés tardives parce que leurs fleurs sont moins exposées à souffrir des dernières gelées printanières.

Les autres arbres fruitiers ont été plantés dans les vergers.

7. — PUITS ARTÉSIEN

Le puits artésien a été foré en 1883 par M. Bécot, 25, rue de la Quintinie, à Paris.

Ce puits a une profondeur de **60ᵐ,52**. Le volume d'eau qu'il fournit varie de 85 à 125 litres par minute, suivant la vitesse de la machine à vapeur, soit de **5,100** à **7,500** litres par heure.

La coupe exposée indique exactement la superposition de toutes les couches terriennes traversées par la sonde.

Du sol jusqu'à 10ᵐ 42 de profondeur, on a traversé l'étage du *calcaire de Brie*, naturellement recouvert par une certaine épaisseur de terre végétale. Dans ce terrain, la première nappe d'eau, dite *nappe d'infiltration*, a été rencontrée à 3ᵐ 50.

De 10ᵐ 42 à 27ᵐ 72, on a traversé l'étage des *marnes ou glaises vertes*. Dans ce terrain complètement imperméable, le niveau d'eau s'est relevé jusqu'à 1ᵐ 30 du sol.

DOMAINE D'ARCY EN BRIE (S.^t et M^e)
État actuel, 1889.

Légende

Bois.
Blé.
Terre cultivée.
Drainage.

Échelle

CHAUMES

ARGENTIÈRES

COURTOMER

De 27^m 72 à 41^m 35, on a traversé les couches du *travertin supérieur de Provins*. Il n'a point été trouvé de nappe dans ce terrain, où le niveau d'eau est resté sensiblement le même que dans les marnes vertes.

A partir de 41^m 35. on est entré dans le *travertin inférieur de Provins*, et c'est dans ce terrain que le forage s'est terminé à la profondeur de 60^m 52.

La nomenclature des couches traversées indique bien qu'il a été rencontré dans ce terrain des nappes importantes. En effet, le niveau d'eau qui, dans l'étage précédent, était monté à 1^m 15 du sol, s'est brusquement abaissé tout d'abord à 35^m 60, puis successivement à 41^m 80.

D'autre part, à compter de 41^m 50 de profondeur, les outils de forage ont commencé de remonter propres, et cette particularité, qui est un indice certain de nappes abondantes, n'a plus cessé de se produire jusqu'à la fin du travail.

En résumé, les divers travaux qui précèdent ont rendu la culture d'Arcy plus économique et ils ont augmenté la valeur foncière du domaine d'une somme qui égale, si elle ne la dépasse pas, la dépense totale qu'il a fallu faire pour les exécuter.

III

FERME D'ARCY

1. — CONSTRUCTIONS AGRICOLES

Les bâtiments de la ferme d'Arcy étaient, en 1872, dans un état déplorable. Ayant reconnu que leur réparation occasionnerait de très grandes dépenses et ne permettrait pas d'avoir des bâtiments convenables et surtout bien groupés, je me suis décidé à les remplacer par de nouvelles constructions aussi bien disposées que possible.

La ferme actuelle a été commencée en mai 1873 et terminée en juillet 1874. Elle occupe, au centre de la culture, une superficie de 14,291 mètres. Les bâtiments couvrent 5,521 mètres carrés ; la cour a une étendue de 8,770 mètres.

Toutes les pierres employées dans les constructions et le pavage ont été extraites de la terre d'Arcy. Les murs et les fondations représentent 5,060 mètres cubes de maçonnerie.

Fig. 1. — Coupe de l'écurie.

Les bâtiments sont groupés sur le pourtour d'une cour rectangulaire, au centre de laquelle existe une grande fosse à fumier, un poulailler, un réservoir alimenté par le puits artésien, une mare pour les canards, un enclos pour les poulets.

Le plan qui figure à mon exposition indique la position respective des divers bâtiments et la gravure située en tête de cette notice en donne la perspective.

Le côté Nord est occupé par la maison d'habitation, la cantine, les laiteries, dont les remparts et les murs sont revêtus de plaques de marbre blanc jusqu'au plafond, l'atelier à monter les boîtes à lait, par la machine à rincer les boîtes, par une grande vacherie, l'écurie, l'atelier du bourrelier, les poulaillers et par des cases pour les lapins.

L'écurie (fig. 1) comprend 8 stalles ; elle est dominée par un grenier pour l'avoine.

Le côté Est comprend deux autres vacheries, une infirmerie, des toits à porcs, des magasins pour les engrais, et les denrées alimentaires importées sur le domaine.

Les figures 3 et 4, 6 et 7, 8 et 9 représentent les plans et les coupes des trois premières vacheries contenant 52, 54 et 64 vaches.

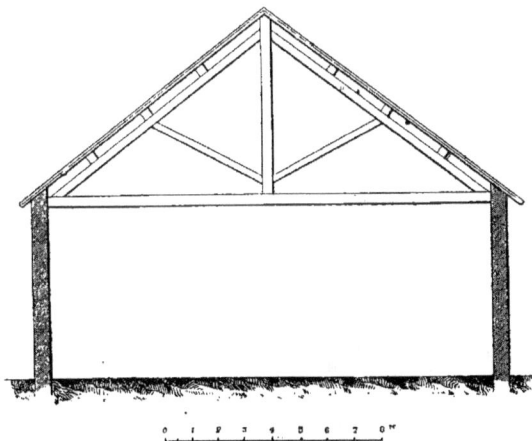

Fig. 2. — **Coupe de la grange**.

Le côté Sud est formé par un vaste bâtiment qui renferme deux granges (figure 2), une quatrième vacherie-bouverie pouvant contenir 45 animaux, un local dans lequel sont placés la machine à vapeur, le laveur, le coupe-racines, le concasseur et le hache-paille.

Le côté Ouest comprend deux vastes hangars, le bureau du comptable, son logement, la forge et une petite écurie.

Tous les bâtiments sont bordés, à l'intérieur et à l'extérieur de la cour par un pavage ayant de 1 à 4 mètres de largeur.

Le jardin est attenant au nord et clos par un mur.

Un vaste abreuvoir est situé en dehors de la cour, près de la porte d'entrée.

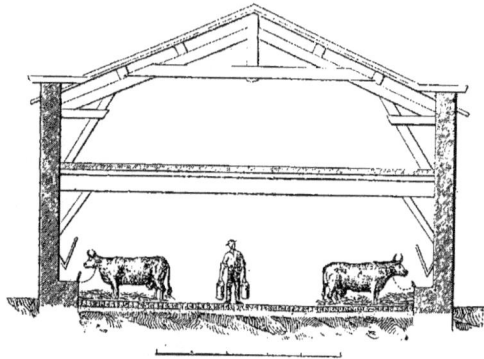

Fig. 3. — **Coupe de la vacherie de 52 vaches.**

Le réservoir est calfeutré et à doubles parois, l'eau y a une température constante de 10 à 11 degrés, de là elle est dirigée dans toutes les directions pour les besoins de l'écurie, des vacheries, des laiteries, de la cuisine et de la buanderie.

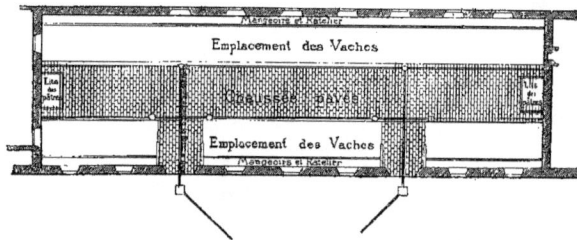

Fig. 4. — **Plan de la vacherie de 52 vaches.**

Au début, la ferme ne comprenait qu'une vacherie pouvant contenir 52 animaux; l'industrie laitière ayant pris successivement un grand développement, on a dû, en 1877, en aménager une seconde de 54 têtes, en 1878, une troisième de 64 têtes, et, en 1883, une quatrième de 45 têtes.

Cette dernière étable renferme, outre un certain nombre de vaches, de jeunes bêtes bovines et les bœufs de travail.

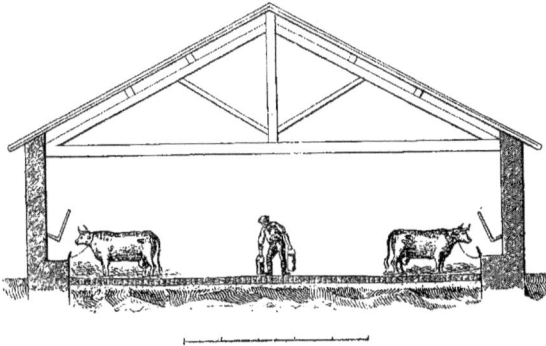

Fig. 6. — **Coupe de la vacherie de 54 vaches.**

Ces quatre étables peuvent renfermer 209 animaux.

La dépense totale occasionnée par la construction de la ferme s'est élevée à 224.953 fr. 77 c., somme qui est en rapport avec l'étendue et la

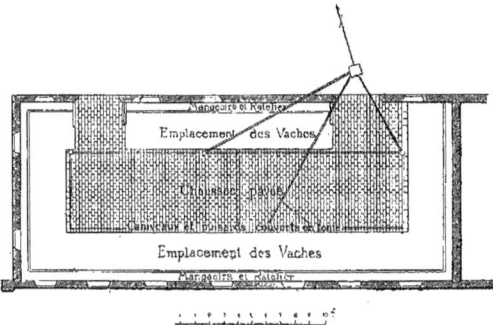

Fig. 7. — **Plan de la vacherie de 54 vaches.**

valeur foncière des terres labourables et surtout avec l'importance qu'a prise l'industrie laitière.

Il existe, à 1000 mètres environ de la ferme, un groupe d'anciens bâtiments qu'on a fait réparer qui comprend deux vacheries et deux granges et qu'on nomme *Ferme de l'Etang*.

Les vacheries de la ferme de l'Etang servent de quarantaine ou d'*infir-*

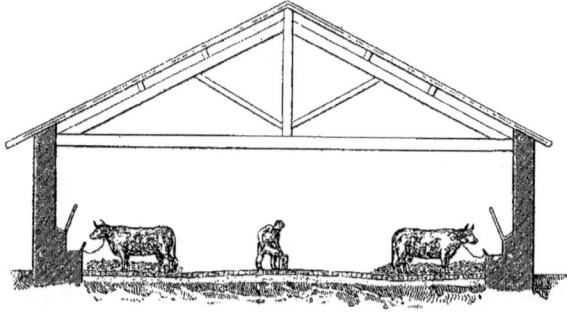

Fig. 8. — **Coupe de la vacherie de 64 vaches.**

merie. Ainsi pendant environ six semaines, elles reçoivent les vaches qui sont achetées dans l'Avranchin ou le Bocage normand. Quand on s'est

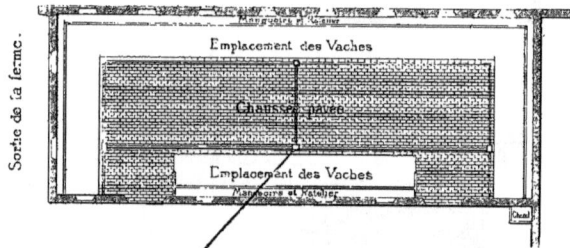

Fig. 9. — **Plan de la vacherie de 64 vaches.**

assuré que ces animaux n'ont aucune maladie, on les fait conduire successivement dans les vacheries de la ferme principale.

Les granges servent de magasins pour les fourrages.

2. — MATÉRIEL AGRICOLE

Le matériel agricole de la ferme d'Arcy est simple, mais il est approprié à la nature des terres et au système de culture adopté.

Les instruments aratoires se composent comme suit :

1. Charrues de Brie perfectionnées.
2. Charrues de Dombasle.
3. Charrues fouilleuses.
4. Scarificateurs.
5. Herses ordinaires et accouplées.
6. Rouleaux unis et dentés.
7. Semoirs mécaniques.
8. Houes à cheval.
9. Faucheuses mécaniques.
10. Rateaux à cheval.
11. Moissonneuses mécaniques.

Les appareils situés dans les granges et les greniers comprennent les appareils ci-après :

1. Hache-paille.
2. Concasseurs.
3. Coupe-racines.
4. Laveurs de racines.
5. Machines à battre.
6. Tarares.
7. Crible trieur.
8. Cylindre pour menue paille.

Les véhicules se composent comme suit :

1. Charrettes.
2. Tombereaux.
3. Voitures laitières.
4. Chariots.
5. Fardier.
6. Tonneaux à purin.
7. Petites voitures pour le service des vacheries et de la laiterie.

Une machine à vapeur spéciale pour le nettoyage des boîtes en cristal servant au transport et à la livraison du lait dans Paris.

Il existe dans la ferme un pont-bascule, des bascules pour le bétail, les grains et les engrais, une pompe à incendie avec ses accessoires, et un cylindre pour comprimer les empierrements faits sur les chemins d'exploitation.

La machine à vapeur met en mouvement la machine à battre, divers appareils et la pompe du puits artésien.

IV

DÉTAILS CULTURAUX

1. — SYSTÈME DE CULTURE

En prenant la direction de la culture de la ferme d'Arcy, je me suis principalement proposé l'amélioration du sol par le drainage, les labours, etc., et par l'application d'abondantes fumures.

Dans le but de produire de grandes masses de fumier, j'avais arrêté, dès mes débuts, que je spéculerais sur l'entretien, l'élevage et l'engraissement du bétail; mais, ayant reconnu que la terre d'Arcy, à cause de sa nature argileuse et sa faible fécondité, demandait à être aérée parce qu'elle était restée en grande partie en friche pendant longtemps, j'ai tout d'abord adopté l'assolement triennal. Cette succession de culture m'a permis, chaque année jusqu'en 1881, de jachérer une partie de la première sole et d'assurer ainsi la réussite du froment d'hiver qu'elle précède. Aujourd'hui toutes les terres labourables sont occupées annuellement ou par des céréales ou par des plantes fourragères.

La luzerne réussit très bien à Arcy parce qu'elle va puiser profondément une partie des aliments dont elle a besoin. Cette légumineuse fourragère est semée sur les terres emblavées en céréales de printemps. Ces dernières plantes sont toujours précédées par une culture sarclée venant après une forte fumure.

La durée de la luzerne est limitée à trois années. Chaque année, je fais défricher le tiers de la surface qu'elle occupe.

Voici comment les terres d'Arcy sont emblavées en ce moment :

Céréales. .	Blé d'automne	112 hect. 70		
	Blé de mars.	19 — 10		199 hect. 56
	Avoine	67 — 76		
Fourrages..	Betteraves, Carottes . . Pommes de terre . . .	28 — 06		
	Luzerne	63 — 60		
	Trèfle incarnat	3 — 55		117 — 81
	Minette	2 — 11		
	Maïs, Sorgho	4 — 95		
	Prairies naturelles . . .	15 — 54		
Sarrasin ou blé noir			3 — 85	
TOTAL.			321 hect. 22	

Le sarrasin est cultivé pour le gibier.

De 1879-80 à 1883-84 les céréales et les plantes fourragères ont occupé les surfaces suivantes :

Années.	Céréales.		Plantes fourragères.	
	Hectares	Ares	Hectares	Ares
1879-80	165	56	145	79
1880-81	183	12	128	79
1881-82	163	09	167	12
1882-83	171	13	157	82
1883-84	163	71	165	26

De 1872-73 à 1874-75 les surfaces occupées par les plantes fourragères et les prairies naturelles ont varié annuellement de 36 à 93 hectares.

La ferme d'Arcy possédait au 1er juillet 1872, 7 hectares 87 de prairies naturelles qui étaient en très mauvais état. Ces prairies ont été successivement défrichées et remplacées par d'autres qui ont aujourd'hui une étendue de 15 hectares 54.

Ces prairies nouvelles ont été créées avec les graines des plantes ci-après :

Raygrass anglais.	10 kilogrammes	» grammes	
Fétuque élevée.	3 —	» —	
Fétuque durette..	8 —	» —	
Fléole des prés.	3 —	» —	
Paturin des prés à larges feuilles.	5 —	» —	
Paturin commun.	3 —	» —	
Lupuline ou minette.	1 —	600 —	
Trèfle blanc.	2 —	» —	
Lotier corniculé..	» —	800 —	
TOTAL PAR HECTARE. . .	36 kilogrammes	400 grammes	

Le foin qu'on y récolte est abondant et de très bonne qualité.

2. — PROCÉDÉS CULTURAUX

Les labours sont exécutés avec des charrues attelées de 2 à 3 chevaux et quelquefois de 2 ou 4 bœufs, suivant les époques de l'année et la nature du sol.

La profondeur des labours a été progressive à mesure que la couche arable s'est améliorée. Le plus généralement une charrue fouilleuse suit la charrue ordinaire lorsque celle-ci fonctionne sur des terres qui doivent porter une plante à racine pivotante. Cette charrue défonceuse divise le sous-sol sans le ramener à la surface de la couche arable.

La compacité de la couche arable oblige à multiplier les labours, les herbages ou les binages.

Les semailles de céréales se font au semoir Smith. Je commence les semailles d'automne vers le 25 septembre, conformément à la pratique du pays. A cause de l'humidité que j'ai toujours à redouter, malgré le drainage, je suis obligé de semer un peu dru et de répandre une plus forte dose d'engrais.

Les semences de blé ne sont confiées à la terre qu'après avoir été chaulées ou sulfatées.

La coupe des céréales est faite à l'aide de la faux, de la sape et de la machine à moissonner. Elle a lieu pendant les mois de juillet et d'août.

Les gerbes sont conservées dans les granges ou mises en meules. Le blé est égrené par la machine à battre d'Albaret et nettoyé avec le tarare américain. L'avoine est battue à la machine.

3. — PERSONNEL ET MAIN-D'ŒUVRE

Le personnel de la ferme d'Arcy se compose comme il suit :

	Fr. par an		Fr. par an
Un chef de culture.	—	Trois bouviers à . . .	1,060
Un commis de ferme . .	1.620	Trois charretiers laitiers à	1,110
Un comptable magasinier.	1,800	Sept vachers à	1,140
Un mécanicien. . . .	1,800	Quatre laitiers à . . .	1,140
Un maréchal-charron . .	1 680	Deux garçons de cour à .	540
Huit charretiers à. . .	1,070	Une servante	420

Un monteur de boîtes. . . 2,400.

Aucun gagiste n'est nourri par l'exploitation ; toutefois, on trempe la soupe deux fois par jour à la plupart de ces agents.

En outre du personnel qui précède, il y a presque toujours en permanence à la ferme :

	Eté	Hiver	Toutes saisons
9 journaliers qui reçoivent par jour 3 fr.	2 fr. 50	» fr. »	
2 journalières — —	» —	» — »	1 — 75

L'épandage des engrais, la fauchaison, le bottelage des foins, la moisson, le battage, etc., sont donnés à forfait.

La main-d'œuvre étant rare à Arcy, malgré la proximité de plusieurs centres assez peuplés, je suis obligé de faire venir chaque année au mois de mai, à l'époque du premier binage des betteraves, de 15 à 18 Belges. Ces tâcherons résident sur le domaine jusqu'après l'arrachage de ces racines. Ils sont aussi employés aux travaux de la fenaison et de la moisson.

4. — CAPITAL D'EXPLOITATION

Le capital engagé dans la ferme d'Arcy s'est accru d'année en année à mesure que les cultures se sont perfectionnées, que les moyens de fertilisation augmentaient, et que la vacherie et l'industrie laitière prenaient plus d'importance.

Voici d'après les inventaires les capitaux engagés dans les derniers exercices :

Comptes divers	Avant l'amélioration		Pendant l'amélioration			
	1875-76	1876-77	1884-85	1885-86	1886-87	1887-88
	fr. c.	fr. c.	fr. c.	fr. c.	fr. c.	fr. c.
Bétail	64.249 »	57.839 50	118.332 55	116.968 65	110.365 20	100 206 95
Denrées en magasin. . .	5 217 80	7 524 45	13.754 45	7.533 20	17.405 90	18.891 15
Engrais en magasin. . .	700 50	2.405 90	5.529 80	5.893 30	5.246 05	6.498 20
Combustible	180 »	310 »	979 80	249 80	288 75	401 25
Mobilier agricole. . . .	37.564 69	33.900 85	53.812 15	52.960 55	53.140 35	50.784 25
Mobilier pour la vente du lait	12.954 25	17.823 40	76.217 15	77.855 »	69.938 20	72.980 70
Avances aux cultures. . . (Y compris la valeur des engrais.)	69.722 85	82.341 90	69.109 25	68.726 05	72.448 90	69.861 05
Marnage	26.202 25	28.864 70	14.000 »	10.000 »	6.000 »	4 000 »
TOTAUX. . . .	214 785 34	236.010 70	351.735 05	340.186 55	334.833 35	323.623 55
Soit par Hectare. . .	647 »	711 »	1 028 »	995 »	979 »	946 »

L'inventaire se fait à Arcy le 30 juin de chaque année. A cette date, les magasins sont presque vides et les vacheries renferment toujours moins d'animaux que pendant l'automne, l'hiver et le printemps.

Quand on compare la valeur que possède le bétail au 1er décembre à la valeur qu'on lui attribue au 30 juin, on constate souvent une différence qui s'élève à 30,000 francs, somme qui représente environ 50 vaches laitières.

Malgré un amortissement annuel de 5 pour 100 le mobilier agricole s'est successivement élevé pour rester à un chiffre normal. Le capital engagé sur mon exploitation représente 1,000 francs environ par hectare pour les 330 hectares en culture.

Il est utile de faire observer que l'industrie du lait à Arcy nécessite un matériel important et spécial, dont la valeur dépasse 70,000 francs.

Enfin, on remarquera que les frais de marnage qui s'élevaient en 1876-77 à 28,864 fr. 70, ont été successivement amortis depuis cette époque et qu'ils ne dépassaient pas 4,000 francs en 1887-1888.

V

FERTILISATION

Depuis 1872, rien n'a été négligé pour augmenter les forces productives des terres labourables du domaine d'Arcy.

1. — GADOUE DE PARIS

La production du fumier étant à peu près nulle sur l'ancienne ferme d'Arcy, je fis, au lendemain de mon acquisition, l'achat de 4,793,000 kilogrammes de Gadoue de Paris. Chaque 1,000 kilogrammes revenait à 8 fr. 50 en gare de Verneuil. Ce prix élevé me força de renoncer à cet excellent engrais.

2. — FUMIER

Depuis 1873 la production s'est augmentée dans une proportion très importante sur la ferme d'Arcy. Voici les quantités qu'on a pu utiliser chaque année depuis 1872-73 jusqu'à 1887-1888 :

Années	Kilogrammes
1872-73	1.444.800
1873-74	1.551.000
1874-75	2.197.200
1875-76	1.530.000
1876-77	1.855.200
1877-78	2.575.000
1878-79	3.585.600
1879-80	3.543.000
1880-81	2.631.800
1881-82	3.026.400
1882-83	2.684.000
1883-84	2.706.000
1884-85	2.068.200
1885-86	2.069.300
1886-87	2.135.900
1887-88	2.016.600
Total	37.620.000

Outre le fumier produit par la ferme, chaque semaine le fumier provenant de 18 à 20 chevaux, qui servent à Paris à la livraison du lait et au besoin de ma maison de commerce, est transporté à Arcy. La voiture qui va chercher ce fumier apporte le foin, l'avoine et la paille nécessaires à la nourriture de ces chevaux.

1,000 kilogrammes de fumier normal contiennent :

	Sortant de l'étable	Après deux mois	Après trois mois	Après quatre mois
	Kilogr. Gramm.	Kilogr. Gramm.	Kilogr. Gramm.	Kilogr. Gramm.
Matière sèche	196 250	211 490	207 000	240 760
Eau	803 750	758 510	793 000	759 240
Totaux	1.000 000	1.000 000	1.000 000	1.000 000
Azote { nitrique	traces	0 160	0 320	0 170
ammoniacal . . .	0 176	0 585	0 512	0 585
organique. . .	2 770	4 905	5 479	5 046
Totaux	2 946	5 650	6 311	5 801
Acide phosphorique . . .	1 624	4 575	3 405	3 668
Potasse.	6 354	7 736	5 519	5 914
Soude	1 016	1 313	0 573	0 985
Chaux	2 691	6 916	6 321	3 990
Magnésie	0 756	1 517	1 560	1 713

3. — PURIN

Le purin qui s'écoule du fumier se mêle dans une grande citerne aux urines qui sortent des vacheries. On l'utilise comme engrais liquide sur les prairies naturelles et les prairies artificielles. Voici sa composition :

100 litres contiennent :

	Purin de la fosse	Purin sortant des étables		Purin de la fosse	Purin sortant des étables
	kil. gr.	kil. gr.		kil. gr.	kil. gr.
Azote { nitrique .	0 047	0 000	Acide phosphorique	0 148	5 533
ammoniacal	5 248	8 957	Potasse	10 170	15 010
organique .	0 344	2 207	Soude	0 930	0 683
			Chaux . . .	0 206	1 989
TOTAUX. .	5 639	11 164	Magnésie	0 236	3 968

Cet engrais liquide a une action fertilisante très énergique quand il est bien appliqué.

4. — TOURTEAU D'ŒILLETTE

En 1872, alors que le fumier faisait presque défaut, l'exploitation a utilisé 55,600 kilogrammes de tourteau d'œillette.

5. — GUANO DU PÉROU

La quantité de guano du Pérou employé à Arcy de 1873 à 1876, s'est élevée à 96,652 kilogrammes.

Le phospho-guano acheté n'a pas dépassé 53,000 kilogrammes.

6. — SUPERPHOSPHATE DE CHAUX

Le superphosphate de chaux n'a cessé d'être employé depuis 1873. La quantité appliquée chaque année à partir de 1882-83 a varié entre 65,000 kilogrammes et 92,000 kilogrammes.

7. — SULFATE D'AMMONIAQUE

Le sulfate d'ammoniaque employé à Arcy provient de la Compagnie parisienne du gaz.

8. — ENGRAIS JOULIE, COMPLETS

Les engrais chimiques, livrés à la ferme d'Arcy par M. Joulie depuis 1875 jusqu'en 1884, ont atteint 581,275 kilogrammes.

9. — CHLORURE DE POTASSIUM

Le chlorure de potassium est très employé depuis 1883. Les quantités appliquées annuellement varient entre 20,000 et 37,000 kilogrammes.

10. — NITRATE DE SOUDE

Le nitrate de soude est très utile à Arcy. Depuis 1885, on en applique chaque année de 1,000 à 21,000 kilogrammes.

11. — PHOSPHATE FOSSILE

Le phosphate fossile est répandu sur la litière dans les étables, à raison de 10 kilogrammes par mètre cube de fumier.

12. — PLATRE

Le plâtre cuit est appliqué à Arcy depuis 1878. La quantité utilisée chaque année varie entre 52,000 et 150,000 kilogrammes. On l'applique au moment où les plantes commencent à végéter.

13. — MARNAGE

Le marnage des terres labourables a été commencé au mois de juillet 1872 ; en 1878, 319 hectares avaient été marnés ; chaque hectare a reçu 2,800 marnons, cubant chacun 20 litres, soit 56 mètres cubes de marne, contenant pour 100 :

Carbonate de chaux.	59.02
Carbonate de magnésie.	0.93
Acide phosphorique.	0.08
Argile, sable.	39.97
	100.00

Chaque marnage a coûté 95 francs par hectare.

14. — CHAULAGE

La chaux grasse est appliquée depuis 1878, à raison de 7 mètres cubes et la chaux en poudre à la dose de 9 mètres cubes par hectare. Le chaulage d'un hectare revient à 39 fr. 35.

15. — DÉFÉCATIONS

Les défécations ont été utilisées dans une large proportion depuis 1886. Leurs effets sur les terres d'Arcy sont très satisfaisants et leur emploi est plus facile que celui de la chaux.

Le tableau ci-après fait connaître toutes les matières fertilisantes qui ont été importées sur le domaine depuis 1872 :

ANNÉES	Gadoue de Paris	Fumier	Tourteau d'œillette	Guano du Pérou	Superphos-phate	Sulfate d'ammo-niaque	Engrais Joulie complets
	Kilogrammes	Kilogrammes	Kilogrammes	Kilogrammes	Kilogrammes	Kilogrammes	Kilogrammes
1872-73	4.793.000	352.800	55.000	5.012	70.000	12.566	»
1873-74	»	124.600	»	7.012	30.300	5.098	»
1874-75	»	»	»	42.620	32.000	4.586	1.000
1875-76	»	»	»	35.775	30.000	2.015	18.000
1876-77	»	»	»	17.525	24.100	14.990	64.500
1877-78	»	»	»	»	»	»	112.135
1878-79	»	»	»	»	2.900	»	96.750
1879-80	»	»	»	»	40.693	»	71.990
1880-81	»	»	»	»	34.368	»	107.100
1881-82	»	»	»	»	11.800	3.000	97.200
1882-83	»	»	»	»	68.500	1.000	10.400
1883-84	»	»	»	»	85.600	2.000	2.200
1884-85	»	»	»	»	92.170	4.000	»
1885-86	»	»	»	»	65.000	6.000	»
1886-87	»	»	»	»	87.500	10.000	»
1887-88	»	»	»	»	75.500	4.540	»
1888-89	»	»	»	»	101.100	14.045	»
TOTAUX	4.793.000	477.400	55.000	111.944	854.431	83.840	581.275

Si l'on répartit les 12 millions de kilogrammes de matières fertilisantes importées sur le domaine de 1872-73 à 1888-89, sur les 320 hectares occupés par les terres labourables et les prairies naturelles, et si on a égard au fumier utilisé pendant cette période, on constate que chaque hectare a reçu

SUR LE DOMAINE D'ARCY :

...ure ...ium	Nitrate de soude	Phosphate fossile	Plâtre	Chaux	Défécations	Scories d'acier	TOTAUX ANNUELS
...mmes Kilogrammes	Kilogrammes	Kilogrammes	Kilogrammes	Kilogrammes	Kilogrammes	Kilogrammes	Kilogrammes
073	1.278	»	»	»	»	»	5.290.729
	»	»	»	»	»	»	167.010
	»	»	ɔ	»	»	»	84.206
	ɣ	''	»	»	»	»	85.790
400	»	5.000	»	»	»	»	126.515
800	»	5.000	62.140	»	»	»	180.075
635	870	10.000	»	92.950	»	»	203.405
160	5.570	6.000	66.490	370.360	»	»	561.263
500	4.550	»	52.010	65.000	»	»	263.528
600	8.270	12.000	80.960	280.700	»	»	505.530
545	8.625	23.000	118.620	129.500	»	»	389.190
265	6.995	16.000	91.520	120.870	»	»	370.450
970	15.314	32.000	86.360	219.300	»	»	474.114
837	15.480	10.000	149.890	18.800	301.450	10.000	598.517
653	10.593	40.000	118.530	200.630	472.900	»	964.796
178	21.602	30.000	105.600	»	1.175.100	»	1.440.520
705	7.000	15.000	108.680	»	»	240.000	506.430
371	106.147	206.000	1.040.800	1.505.410	1.949.450	250.000	12.212.068

37,000 kilogrammes d'engrais commerciaux et 120,000 kilogrammes de fumier de ferme, soit par année, en moyenne et par hectare, 2,100 kilogrammes d'engrais de commerce et 7,000 kilogrammes de fumier dosant de 5 à 6 kilogrammes d'azote par 100 kilogrammes.

3

VI

STATIQUE AGRICOLE

Le tableau ci-contre fait connaître les *matières fertilisantes que j'ai appliquées sur la ferme d'Arcy* pendant les huit derniers exercices culturaux dans le but d'obtenir des récoltes maxima sans amoindrir la fertilité des terres arables par suite de la culture améliorante à laquelle elles ont été soumises depuis 1875 et qui me permet de faire 4, 5 et 6 céréales consécutives au plus grand profit de mon exploitation qui n'est plus tenue à un assolement régulier et tyrannique.

C'est en suivant les judicieux conseils que m'a donnés M. Joulie que je suis parvenu à obtenir à Arcy des récoltes rémunératrices, ce sont les analyses qu'il a faites au moment de la floraison du blé, de l'avoine, etc., époque de leur végétation où la proportion des éléments absorbés par les plantes est généralement plus forte qu'à leur maturité, qui m'ont permis d'appliquer les engrais qui devaient fournir les éléments essentiels pour des récoltes de grand rendement. Dans ces intéressantes études, M. Joulie a reconnu qu'une partie des éléments absorbés est restituée au sol par les plantes entre la floraison et la maturité, mais qu'il faut incontestablement compter comme indispensables les quantités d'éléments qu'elles contiennent à la floraison, car si les plantes ne pouvaient les absorber, elles ne se développeraient pas (*voir pages 33 et 34*).

Si donc on désire connaître seulement quel est *l'épuisement qui résulte de l'enlèvement de la récolte*, il n'y a à considérer que les quantités contenues dans les plantes arrivées à maturité. Toutefois, la loi de diminution des éléments utiles entre sa floraison et la maturité subit parfois des exceptions. Ainsi, dans le tableau qui suit et qui concerne le blé, on constate que l'acide phosphorique passe de 20 kilog. 86 à 25 kilog. 52 au lieu de diminuer. Ce fait arrive surtout lorsque l'acide phosphorique fait un peu défaut au début. Les plantes alors continuent à en absorber au-delà de la floraison si le temps et l'humidité le leur permettent.

1. — BLE

NOMS DES CHAMPS	EXERCICE 1883		EXERCICE 1884		EXERCICE 1885		EXERCICE 1886		EXERCICE 1887		EXERCICE 1888		Engrais pour Blé en 1889

2. — AVOINE

1. — BLÉ

Éléments essentiels nécessaires pour produire 30 hectolitres de grain à l'hectare :

Poids moyen de l'hectolitre	80 kilogrammes	»	
Humidité moyenne	14	—	30 pour 100
Matière sèche dans un hectolitre de blé	70	—	56

Récolte à l'hectare :	NORMALE	SÈCHE
Grain par 30 hectolitres	2.400 kilogrammes	2.117 kilogrammes
Paille correspondante	3.406 —	2.917 —
RÉCOLTE TOTALE.	5.806 kilogrammes	5.034 kilogrammes
Grain pour 100 de la récolte . . .	41 kilogrammes 37	42 kilogrammes 05
Poids de la récolte à la floraison. .	» — »	4.173 —

Éléments essentiels dans la récolte :	À LA FLORAISON	À LA MATURITÉ		TOTAUX
		GRAIN	PAILLE	
Azote.	61 kgr. 14	41 kgr. 32	15 kgr. 84	57 kgr. 16
Acide phosphorique . . .	20 — 86	18 — 78	6 — 79	25 — 52
Potasse	81 — 14	9 — 65	22 — 29	31 — 94
Soude.	7 — 03	» — »	8 — 93	8 — 93
Chaux	17 — 52	1 — 27	9 — 47	10 — 74
Magnésie.	7 — 66	4 — 93	5 — 44	10 — 37

2. — AVOINE

Éléments essentiels nécessaires pour produire 52 hectolitres d'avoine à l'hectare :

Poids moyen de l'hectolitre	47 kilogrammes	»	
Humidité moyenne.	14	—	» pour 100
Matière sèche dans un hectolitre de grain	42	—	42

Récolte à l'hectare :	NORMALE	SÈCHE
Grain par 52 hectolitres	2.444 kilogrammes	2.206 kilogrammes
Paille correspondante	2.943 —	2.528 —
RÉCOLTE TOTALE.	5.387 kilogrammes	4.734 kilogrammes
Grain pour 100 de la récolte . . .	45 kilogrammes	46 kilogrammes 60
Poids de la récolte à la floraison .	» —	4.100 —

2. — AVOINE (suite)

Éléments essentiels dans une récolte maxima :	A LA FLORAISON	A LA MATURITÉ		TOTAUX
		GRAIN	PAILLE	
Azote.	73 kgr. 55	40 kgr. 81	13 kgr. 91	54 kgr. 72
Acide phosphorique . . .	24 — 51	18 — 37	2 — 10	20 — 47
Potasse	93 — 72	8 — 85	31 — 56	40 — 41
Soude.	7 — 26	» — 48	8 — 26	8 — 74
Chaux	21 — 81	4 — 94	10 — 04	14 — 98
Magnésie.	19 — 39	4 — 12	2 — 14	6 — 26

3. — BETTERAVES

Composition d'une récolte de 40,000 kilogrammes de racines

La récolte comprend :

Racines. . . . . 40.000 kilogrammes.
Feuilles. . . . . 7.700 —

    TOTAL . . . . 47.700 kilogrammes.

Les éléments utiles sont les suivants :	RACINES	FEUILLES	TOTAUX
Azote.	106 kgr. 990	70 kgr. 400	177 kgr. 390
Acide phosphorique	39 — 950	16 — 380	56 — 230
Potasse	157 — 250	186 — 790	344 — 040
Soude.	61 — 770	67 — 870	129 — 640
Chaux	25 — 600	108 — 070	133 — 670
Magnésie.	19 — 940	23 — 610	48 — 550

Cette composition a été déduite par **M. JOULIE** d'un grand nombre d'analyses de betteraves bien venues et de provenances diverses.

4. — LUZERNE

Composition d'une récolte de 9,000 kilogrammes de foin ayant 16 p. 100 d'humidité moyenne et normale :

Azote	211 kgr. 150 gr.	Soude.	10 kgr. 960 gr.
Acide phosphorique.	29 — 180 —	Chaux	216 — 840 —
Potasse	153 — 010 —	Magnésie. . . .	20 — 330 —

Cette composition a été déduite des analyses des luzernes d'**Arcy**.

Les luzernes à Arcy reçoivent les matières fertilisantes ci-après :

Première année	235	kilogr. de chlorure de potassium et	365	kilogr. de plâtre.
Deuxième année	140	— — —	360	— —
Troisième année	105	— — —	355	— —

C'est à la potasse qui est appliquée sur mes luzernes que sont dus les forts rendements récoltés à Arcy. Du reste, on a sous les yeux un spécimen des luzernes récoltées sur l'exploitation.

VII

RENDEMENT DES PLANTES

Le rendement des plantes cultivées sur le domaine d'Arcy augmente graduellement à mesure que la terre s'améliore.

Voici quels ont été les rendements par hectare de 1880 à 1888 :

PRODUCTION DU BLÉ

Années	Surfaces	Par hectare			Production totale	Production de paille	Rapport du grain à la paille		Blés les plus productifs
		Moyenne	Minimum	Maximum			Grain	Paille	
	Hect. Ares Cent.	H. L.	H. L.	H. L.	Hect. Litr.	B. de 6 k.	0/0	0/0	
1875	67 93 77	14 16	12 53	16 20	961 90	29.897	30	70	
1880	70 97 57	29 64	21 12	32 48	2.103 75	43.698	39	61	Victoria, Chiddam.
1881(¹)	81 69 70	21 30	17 59	26 14	1.740 25	39.070	38	62	Rouge d'Ecosse, Victoria, Golden-Drop.
1882	82 60 99	32 70	25 30	36 15	2.701 40	56.115	39	61	Bleu ou de Noé, anglais rouge spolding, Victoria.
1883	83 29 94	26 85	21 85	31 68	2.234 80	46.113	39	61	Blés mélangés : 2/5 Bordeaux, 2/5 bleu, 1/5 Chiddam bleu. Bordeaux.
1884	77 09 00	30 19	26 96	40 27	2.327 60	49.928	38	62	Australie, Chiddam rouge de Mars, Hallette.
1885	84 52 93	28 67	22 58	39 27	2.423 60	47.657	40	60	Blés mélangés : Sherrif, Australie.
1886	92 36 61	32 55	26 91	47 79	3 006 75	70.062	36	64	Golden-Drop, Hallette, Dattel, Blés mélangés.
1887	90 87 93	35 57	31 47	37 24	3.232 45	71.303	38	62	Bordeaux, Blés mélangés : Australie, Bleu ou de Noé, Chiddam.
1888	89 16 17	28 58	23 90	36 01	2.548 30	50.160	40	60	Sherrif, Rouge d'Ecosse, Bleu, Blés mélangés.
Moyenne des cinq dernières années	752 53 84	31 19	» »	» »	2.707 74	57.822	»	»	

Les blés mélangés le sont dans la portion suivante :

Blé bleu ou blé de Noé . .   2/5
Blé de Bordeaux . . .   2/5
Blé Dattel ou blé Chiddam.   1/5

Ces diverses variétés de grandeurs différentes étagent leurs épis les uns au-dessus des autres, disposition qui rend la maturité plus régulière et le rendement plus productif.

Par suite de cette association, les grains obtenus constituent un blé bigarré qui est très recherché par la meunerie et qu'on vend avec prime plus facilement que les blés ordinaires.

(1) Le faible rendement de l'année 1881 doit être attribué à la grande sécheresse qui a régné pendant le printemps et l'été et aux dégâts causés par de nombreux mulots.

PRODUCTION DE L'AVOINE

Années	Surfaces			Par hectare			Production totale	Production de paille	Rapport du grain à la Paille		Avoines les plus productives
				Moyenne	Minimum	Maximum			Grain	Paille	
	Hect.	Ares	Cent.	H. L.	H. L.	H. L.	Hect. Litres	Bottes 6 k.	0/0	0/0	
1875	84	23	23	18 79	15 56	23 45	1.582 80	17.470	43	57	
1880	82	46	98	44 30	35 65	61 27	3.653 60	37.130	45	55	Prunier, grise hâtive.
1881	89	50	62	27 60	22 15	35 72	2.470 40	26.701	44	56	Grise hâtive.
1882	69	79	66	53 33	47 92	65 61	3.722 25	39.780	44	56	Grise de Beauce.
1883	75	59	33	40 82	36 85	54 13	3.085 75	32.940	44	56	Grise de Houdan.
1884	76	63	46	54 05	48 56	65 05	4.142 »	37.304	48	52	Grise de Houdan.
1885	80	40	65	50 11	44 41	64 04	4.029 60	31.520	49	51	Grise de Beauce.
1886	82	54	94	59 17	48 91	64 02	4.884 75	47.395	46	54	Grise de Beauce.
1887	90	87	93	55 33	44 92	55 91	5.028 20	47.960	47	53	Noire prolifique de Californie Grise de Beauce.
1888	82	25	49	52 24	46 48	65 27	4.297 30	39.025	47	53	Grise de Beauce. Noire de Brie. Blanche de Pologne.
Moyenne des cinq dernières années	730	09	06	54 22	» »	» »	4.476 37	41.240	»	»	

PRODUCTION DES BETTERAVES

Années	Surfaces			Par hectare			Production totale	Variétés cultivées
				Moyenne	Minimum	Maximum		
	Hect.	Ares	Cent.	Kilogram.	Kilogram.	Kilogram.	Kilogram.	
1875	39	54	35	17.500	13.296	26.517	692.000	Les variétés cultivées sont :
1880	35	63	48	35.520	29.550	40.680	1.265.760	
1881	32	61	41	38.220	34.228	40..810	1.246.500	La Betterave blanche à collet rose,
1882	40	04	24	43.546	38 408	46.188	1.742.400	
1883	34	42	73	45.430	36.966	48.408	1.564.050	La Betterave blanche à collet vert,
1884	34	02	48	42.611	35.170	45.872	1.449.850	
1885 (1)	33	87	16	20.470	7.176	42.518	693.371	La Betterave ovoïde des barres.
1886	33	52	35	48.950	38.333	61.230	1.640.975	
1887 (2)	32	32	49	21.630	14.052	33.333	699.190	
1888	26	69	40	47.513	38.787	50.827	1.743.300	
Moyenne des neuf dernières années	313	12	44	38.468	»	»	1.338.377	

(1) En 1885, le **ver gris** ou **noctuelle** a détruit une partie de la récolte de betteraves. Une pièce de 8 hectares a été labourée pour faire du blé sans qu'il ait été arraché une seule betterave.
(2) En 1887, le **ver blanc** a fait un mal considérable à la récolte de betteraves, et c'est à ce dégât que doit être attribué le faible rendement de l'année.

PRODUCTION DES FOURRAGES
1° — FOIN

Années	Prairie naturelle			Luzerne			Trèfle		
	Surfaces	Production		Surfaces	Production		Surfaces	Production	
		Totale	Par hectare		Totale	Par hectare		Totale	Par hectare
	H. A. C.	Kilogr.	Kilogr.	H. A. C.	Kilogr.	Kilogr.	H. A. C.	Kilogr.	Kilogr.
1880	» » »	»	»	55 00 00	283.250	5.150	16 78 00	44.720	2.665
1881	» » »	»	»	61 90 09	212.600	3.435	12 28 00	32.850	2.675
1882	» » »	»	»	70 64 00	485.300	6.870	13 88 00	69.820	5.030
1883	» » »	»	»	81 08 00	561.100	6.920	16 07 00	80.830	5.030
1884	11 32 09	64.660	5.712	77 03 66	682.300	8.857	10 68 00	76.250	7.140
1885	18 54 37	121.825	6.570	71 93 66	615.350	8.550	4 58 00	32.400	7.075
1886	18 54 37	110.820	5.976	73 54 49	599.700	8.154	» » »	»	»
1887	18 54 37	98.650	5.320	66 45 83	557.600	8.390	3 53 92	24.500	6.925
1888	18 54 37	80.575	4.345	66 54 39	453.160	6.810	4 59 10	29.635	6.455

2° — FOURRAGES VERTS

Années	Trèfle incarnat			Maïs			Minette ou Lupuline		
	Surfaces	Production		Surfaces	Production		Surfaces	Production	
		Totale	Par hectare		Totale	Par hectare		Totale	Par hectare
	H. A. C.	Kilogr.	Kilogr.	H. A. C.	Kilogr.	Kilogr.	H. A. C.	Kilogr.	Kilogr.
1880	1 58 00	37.540	23.760	10 95 00	520.240	47.510	13 93 00	212.575	15.260
1881	» » »	»	»	10 68 00	530.475	49.670	5 12 00	71.320	13.930
1882	1 46 00	36.925	24.780	11 93 00	618.325	51.830	9 48 00	185.525	19.570
1883	5 21 00	175.535	33.692	8 44 07	503.190	59.615	6 87 00	115.420	16.800
1884	6 33 12	201.000	31.750	12 02 50	614.400	51.094	8 42 01	168.230	19.980
1885	7 75 17	284.500	36.700	8 81 90	450.230	51.052	8 44 17	158.540	18.780
1886	5 48 71	153.900	28.045	7 09 56	488.590	68.856	1 28 75	20.225	15.710
1887	5 06 52	158.300	31.250	5 32 06	256.360	48.183	5 48 73	120.175	21.900
1888	2 52 06	62.560	24.820	2 63 33	139.190	52.857	4 65 57	86.780	18.640

PRODUCTION TOTALE DES FOURRAGES PAR ANNÉE

Années	Foin		Fourrages verts		Observations
	Surfaces	Production	Surfaces	Production	
	H. A. C.	Kilogrammes	H. A. C.	Kilogrammes	
1880	71 78 00	327.970	26 46 00	770.355	Sur les indications de **M. H. JOULIE**, on répand chaque année.
1881	74 18 00	245.450	15 80 00	601.795	*Sur les Luzernes*
1882	84 52 00	555.120	22 90 00	840.875	De { 235 kgr. chlorure de potassium.
1883	97 15 00	641.930	20 52 07	794.145	1re année.{ 365 — plâtre cuit.
1884	99 03 75	823.210	26 77 63	983.630	De { 140 — chlorure de potassium. 2e année.{ 360 — plâtre cuit.
1885	95 06 03	769.575	25 01 24	893.270	De { 105 — chlorure de potassium. 3e année.{ 395 — plâtre cuit.
1886	92 08 86	710.520	13 87 02	662.625	*Sur le Trèfle incarnat*
1887	88 54 12	680.750	15 87 31	534.835	350 kgr. superphosphate. 250 — plâtre cuit.
1888	89 67 86	563.370	9 80 96	288.530	*Sur le Trèfle violet*
		5.317.895		6.369.960	750 — plâtre cuit.

EXPORTATIONS DE PAILLE ET DE FOURRAGE

Années	Paille	Total	Années	Foin	Total	Observations
	Kilogram.			Kilogram.		
1874	140		1874	500		Au moment de mon acquisition (1872) il n'existait à Arcy ni paille ni fourrage, le bas prix d'alors m'a déterminé à acheter :
1875	1.480		1875	»		
1876	1.960		1876	650		1° 134.660 bottes de foin, de luzerne et de trèfle de 5 kilogr. 500, soit 658.000 kilogr.
1877	80		1877	»		
1878	2.560		1878	2.680		2° 105.812 bottes de paille de 6 kilogr., soit 635.000 kilogr.
1879	3.900		1879	3.050		Ces acquisitions ont constitué un ensouchement qui a été très utile. Elles ont occasionné une dépense totale de 52.418 fr. 20.
1880	4.200	Kilogram. 367.190	1880	2.390	Kilogram. 701.640	Depuis le 30 juin 1876 la ferme se suffit complètement à elle-même.
1881	8.240		1881	5.220		Depuis 1884, elle vend annuellement de 80.000 à 90.000 kilogr. de foin et de 26.000 à 164.000 kilogr. de paille.
1882	28.120		1882	18.350		
1883	29.550		1883	21.730		
1884	33.850		1884	219.100		
1885	32.300		1885	161.060		
1886	26.190		1886	88.090		
1887	30.450		1887	23.250		
1888	164.190		1888	155.270		

VIII

BÉTAIL

Le bétail que la ferme d'Arcy a possédé depuis 1872 jusqu'en 1888 a augmenté au fur et à mesure et à raison de l'extension de la vente du lait et du rendement des plantes fourragères.

1. — ANIMAUX DE TRAVAIL

Les chevaux viennent en majeure partie du Perche. Ceux achetés dans les ventes publiques ou dans les fermes des environs sont en petit nombre.

Voici le nombre de têtes que l'exploitation a possédées de 1879 à 1888 :

| Années | BÊTES | | Totaux |
	CHEVALINES	BOVINES	
	Têtes	Têtes	Têtes
1879	30	12	42
1880	28	18	46
1881	28	18	46
1882	29	17	46
1883	34	12	46
1884	36	13	49
1885	34	12	36
1886	33	12	35
1887	34	12	36
1888	34	12	36

Les bêtes chevalines qui transportent le lait à la gare de Verneuil sont exclusivement attachées à la ferme.

Les bœufs sont dérivés de la race charolaise. Ces animaux sont occupés à tous les travaux des champs.

En outre des 35 chevaux employés à la culture, je possède à Paris dix-sept poneys importés du duché de Posen et qui sont employés au transport et à la livraison du lait.

2. — ANIMAUX DE RENTE

Les animaux de rente se composent de bêtes bovines et de quelques bêtes porcines.

Voici le dénombrement des vaches, taureaux, génisses, etc., que le domaine d'Arcy a possédé de 1879 à 1888, aux époques des inventaires qui ont lieu le 30 juin.

Années	Vaches	Taureaux	Génisses	Veaux	Moutons	Porcs
	Têtes	Têtes	Têtes	Têtes	Têtes	Têtes
1879	117	2	»	2	144	5
1880	139	3	»	2	146	4
1881	159	4	»	4	»	6
1882	160	3	»	8	»	4
1883	160	5	14	5	»	10
1884	146	5	13	13	»	8
1885	140	4	14	10	»	8
1886	139	6	17	13	»	6
1887	141	11	19	15	»	4
1888	151	10	13	9	»	»

Au 30 juin, époque de l'inventaire, le nombre des vaches est toujours moins élevé que pendant les autres saisons par suite de la baisse de la vente du lait qui commence en mai quand ont lieu les nombreux départs de Paris pour la campagne.

3. — POIDS BRUTS DES ANIMAUX

Les animaux nourris à la Ferme ou par l'exploitation ont ensemble les poids bruts ci-après :

Nombre des animaux	Poids moyens	Poids totaux
33 chevaux résidant à Arcy . .	850 kilogrammes	28.050 kilogr.
8 taureaux	750 —	6.000 —
2 jeunes taureaux	500 —	1.000 —
151 vaches	650 —	98.150 —
12 génisses de deux ans . . .	500 —	6.000 —
1 génisse d'un an	200 —	200 —
12 bœufs de travail	820 —	9.840 —
6 bœufs à l'engrais et gras . .	925 —	5.550 —
6 chevaux au château d'Arcy . .	850 —	5.100 —
10 chevaux de trait à Paris . .	850 —	8.500 —
17 poneys à Paris pour le service du lait	400 —	6.800 —
TOTAL		175.190 kilogr.
Soit pour 321 hectares : 545 kilogrammes bruts par hectare		

Il n'est pas inutile de rappeler que les chevaux de Paris sont nourris par la Ferme et que le fumier est apporté toutes les semaines par les voitures qui transportent à Paris les aliments dont ils ont besoin.

4. — PRIX DE REVIENT PAR JOUR DE L'ENTRETIEN D'UNE VACHE

Les vaches reçoivent une bonne alimentation. Chaque jour, on leur donne du son, du remoulage, du tourteau et du sel, afin que leur lait ait autant que possible la même teneur en matière butireuse et en matière caséeuse, et qu'il soit de première qualité. Voici quelles sont les dépenses journalières d'une vache laitière :

DÉPENSES JOURNALIÈRES

	JANVIER		FÉVRIER		MARS ET AVRIL	
	QUANTITÉS	PRIX	QUANTITÉS	PRIX	QUANTITÉS	PRIX
	Kgr. Gram.	Fr. C.	Kgr. Gram.	Fr. C.	Kgr. Gram.	Fr. C.
Paille : 20 fr. les 100 bottes de 6 kilos . .	8 »	» 27	8 »	» 27	8 »	» 27
Foin : 30 fr. les 100 bottes de 5 kilos. .	6 »	» 36	6 »	» 36	6 »	» 36
Fourrage vert : Luzerne, etc., 1 fr. les 100 kilos .	» »	» »	» »	» »	» »	» »
Fourrage vert : Sorgho, Maïs, 0 fr. 60 les 100 kilos	» »	» »	» »	» »	» »	» »
Pâture : 1 fr. les 100 kilos.	» »	» »	» »	» »	» »	» »
Betteraves : 18 fr. les 1.000 kilos	35 »	» 63	35 »	» 63	35 »	» 63
Son et remoulage : 15 fr. les 100 kilos	1 500	» 23	1 500	» 23	2 »	» 30
Tourteaux coton : 12 fr. 80 les 100 kilos.	1 500	» 20	1 500	» 20	1 500	» 20
Sel.	» 040	» »	» 040	» »	» 040	» »
Salaire et nourriture du vacher : 101 fr. par mois pour 27 têtes . .	» »	» 13	» »	» 13	» »	» 13
	» »	1 82	» »	1 82	» »	1 89

Soit, en moyenne, par jour, 1 fr. 52, et

5. — IMPORTATION D'ALIMENTS

Le tourteau, les remoulages et le son jouent aujourd'hui un grand rôle dans la nourriture

ALIMENTS	1872-73	1873-74	1874-75	1875-76	1876-77	1877-78	1878-79	1879-80
	Kilogr.	Kilogr.	Kilogr.	Kilogr.	Kilogr.	Kilogr.	Kilogr.	Kilogr.
Tourteaux. . .	»	»	»	»	»	38.000	96.000	135.000
Remoulages . .	2.400	4.743	6.115	10.360	11.915	30.360	39.575	79.000
Son.	13.535	6.816	11.100	21.100	20.552	11.730	12.100	26.900

Ces divers aliments représentent ensemble

NE VACHE LAITIÈRE

		MAI		JUIN		JUILLET, AOUT ET SEPTEMBRE		OCTOBRE		NOVEMBRE ET DÉCEMBRE	
	TITÉS	PRIX	QUANTITÉS	PRIX	QUANTITÈS	PRIX	QUANTITÉS	PRIX	QUANTITÉS	PRIX		
	Gram.	F. C.	Kgr. Gram.	Fr. C.	Kgr. Gram.	Fr. C.	Kgr. Gram.	Fr. C.	Kgr. Gram.	Fr. C.		
»	» 27	8 »	» 27	8 »	» 27	8 »	» 27	8 »	» 27		
»	» »	» »	» »	» »	» »	2 500	» 15	6 »	» 36		
»	» »	40 »	» 40	» »	» »	10 »	» 10	» »	» »		
»	» »	» »	» »	» »	» »	25 »	» 15	» »	» »		
»	» 35	» »	» »	35 »	» 35	» »	» »	» »	» »		
»	» »	» »	» »	» »	» »	» »	» »	35 »	» 63		
750	» 26	1 750	» 26	1 750	» 26	2 500	» 38	1 500	» 23		
250	» 17	1 250	» 17	1 250	» 17	1 »	» 13	1 250	» 17		
040	» »	» 040	» »	» 040	» »	» 040	» »	» 040	» »		
»	» 13	» »	» 13	» »	» 13	» »	» 13	» »	» 13		
»	1 18	» »	1 23	» »	1 18	» »	1 31	» »	1 79		

l'année (365 jours) 554 fr. 80.

UR LES VACHES LAITIÈRES

Vaches laitières. Voici les quantités qu'on a importées à Arcy de 1873 à 1888 :

0-81	1881-82	1882-83	1883-84	1884-85	1885-86	1886-87	1887-88	TOTAUX
logr.	Kilogr.	Kilogr.	Kilogr.	Kilogr.	Kilogr.	Kilogr.	Kilogr.	
.000	168.000	180.635	149 338	98.000	78.000	86.000.	75.000	1.265.973
.400	69.075	63.070	56.500	43.000	48.100	48.150	48.750	607.513
.800	33.300	52.525	57.660	47.600	51.000	54.360	52.585	488.663

Total de **2.362.149** kilogrammes.

IX

PRODUCTION ET VENTE DU LAIT

1. — PRODUCTION DU LAIT

La production journalière du lait n'a cessé d'augmenter depuis 1874-75 par suite d'une alimentation raisonnée et d'une sélection bien comprise.

Le tableau ci-après fait connaître le nombre de vaches possédées par l'exploitation de 1874 à 1888, les journées de présence de ces animaux sur la ferme et la quantité moyenne de lait que chaque tête a donnée par jour et par an :

Années	Nombre de Vaches	Journées de présence	PRODUCTION MOYENNE		Produc-t'on annuelle	Lait utilisé à la Ferme	Lait vendu	PRODUIT EN ARGENT DU LAIT VENDU	
			par Vache	par Jour				par année	par 100 litres
			L. C.	Litres.	Litres.	Litres.	Litres	Francs. Cent.	Fr. C.
1874-75	52	18.924	7 06	366	133.584	52.765	80.819	52.017 35	64 36
1875-76	59	21.615	7 82	462	169.105	66.220	102.885	73.029 95	72 93
1876-77	61	22.194	7 97	485	176.849	41.024	135.825	102.745 60	75 65 [1]
1877-78	90	32.963	8 43	761	278.015	77.261	200.754	154.378 20	76 90 [1]
1878-79	101	36.807	9 31	939	342.790	41.826	300.964	214.146 50	71 15
1879-80	141	51.291	9 87	1.387	506.325	98.933	407.392	285.509 75	70 08
1880-81	159	58.012	9 20	1.463	531.156	90 407	443.749	313.036 90	70 54
1881-82	169	61.520	8 97	1.512	552.124	103.585	448.539	308.736 75	68 83
1882-83	178	65.029	9 01	1.604	585.664	120.336	465.328	316.905 40	74 55
1883-84	168	61.351	9 15	1.533	561.392	109.871	451.521	333.415 80	73 84
1884-85	140	50.981	9 58	1.338	488.305	92.320	395.985	294.593 65	74 40
1885-86	139	50.899	10 14	1.414	516.221	80.692	435.529	332.975 30	76 45
1886-87	141	51.346	10 32	1.452	529.905	94.027	435.878	304.379 75	69 83
1887-88	132	48.133	10 68	1.405	514.206	82.605	441.601	297.604 60	67 39

On ne peut arriver à une production moyenne par vache et par jour de 10 litres 1/2 environ, qu'au moyen de la sélection : c'est-à-dire en mettant au rebut les vaches qui, n'étant pas pleines ou trop loin du moment de la parturition, ne donnent plus que 6 litres de lait. Elles sont alors vendues à la boucherie et remplacées par des vaches prêtes à faire veau. Au prix élevé de ma nourriture, une vache ne produisant que 6 litres est une non-valeur.

(1) Les variations que l'on observe dans le produit argent des 100 litres vendus proviennent du plus ou moins grand nombre de demi-litres livrés à la vente à certaines époques à raison de 1 fr. ou de 0 fr. 90 par litre.

Depuis 1872, le prix du lait a subi les variations suivantes :

DATES	LITRE	DEMI-LITRE
En 1873	» fr. 50	» fr. 30
1er décembre 1874.	» 60	» 35
1er novembre 1875.	» 70	» 40
1er octobre 1876.	» 70	» 50
1er octobre 1880.	» 80	» 50
1er janvier 1887.	» 70	» 45

Le lait, après la traite du matin, est versé dans de grands vases en fer battu qui restent toute la journée plongés dans des bacs contenant de l'eau fraîche et courante, au moment de la mise en boîte on le mêle à la traite du soir.

Pendant toutes les saisons le lait est traité par les réfrigérants pour éviter qu'il tourne et pour pouvoir le conserver dans toute sa pureté.

Un wagon-glacière est spécialement affecté au transport du lait de la gare expéditrice à Paris ; la température dans ce wagon est ramenée à 5 degrés au-dessus de zéro et cela quelle que soit la chaleur que nous ayons à supporter. Le puits artésien fournit toute l'eau nécessaire à l'installation d'une fabrique de glace pour alimenter le wagon réfrigérant et frapper le lait au moment où il vient d'être trait, et à l'alimentation d'une machine à vapeur nécessaire pour le lavage des boîtes à la vapeur.

Le lait est analysé une fois par mois par M. JOULIE. Les analyses sont publiées plus particulièrement par les journaux de médecine, ce qui permet aux hommes compétents d'en faire le contrôle.

Rien n'a été négligé pour parvenir, au moyen de la nourriture, à faire produire du lait qui convient le mieux aux jeunes enfants et aux malades, c'est-à-dire un lait riche en phosphate de chaux et en azote.

Beaucoup de personnes, sur la réputation méritée de la race bovine jersiaise, ayant manifesté le désir que je leur procure du lait de ces excellentes vaches, j'ai fait l'acquisition à Jersey même d'un petit troupeau dont le lait, d'une qualité exquise, se vend à raison de 1 franc le litre.

Je crois utile de mettre en regard des analyses du lait de la race jersiaise, l'une faite peu après l'arrivée des vaches à Arcy, l'autre exécutée après leur acclimatation sur le domaine, et des analyses du lait de vaches normandes faites pendant les mêmes mois :

LAIT DE VACHES JERSIAISES

NOVEMBRE 1887			JANVIER 1889		
Densité à 15° : 1,031			Densité à 15° : 1,097		
Beurre. . . par litre	82 30		Beurre. . . par litre	73 40	
Caséine. . . —	32 80		Caséine. . . —	32 20	
Albumine. . —	8 »		Albumine. . —	13 80	
Sucre de lait. —	50 90		Sucre de lait. —	52 60	
Sels. . . . —	8 20		Sels. . . . —	8 50	
Matières fixes. . .	182 20	182 20	Matières fixes. . .	180 50	180 50
Eau		848 80	Eau.		859 20
		1,031			1,039 70
Les sels contenaient :			Les sels contenaient :		
Acide phosphorique . .	2 21		Acide phosphorique. . .	2 77	
— sulfurique. . .	0 18		— sulfurique. . .	0 16	
Chaux.	1 90		Chaux.	1 98	
Magnésie.	0 21		Magnésie.	0 24	
Potasse	1 94		Potasse..	1 54	
Soude.	0 60		Soude.	1 61	
Acide carbonique, chlore,			Acide carbonique, chlore,		
fer, etc.	1 16		fer, etc.	0 20	
Sels par litre. . .	8 20		Sels par litre. . . .	8 50	

LAIT DE VACHES NORMANDES

OCTOBRE 1887			JANVIER 1889		
Densité à 15° : 1,032			Densité à 15° : 1 033		
Beurre. . . par litre	49 50		Beurre. . . par litre	47 70	
Caséine . . —	31 70		Caséine. . . —	29 10	
Albumine. . —	4 20		Albumine. . —	7 10	
Sucre de lait. —	53 »		Sucre de lait. —	53 40	
Sels. . . . —	8 20		Sels. . . . —	7 40	
Matières fixes. . .	145 60	145 60	Matières fixes. . .	144 70	144 70
Eau.		886 40	Eau.		888 30
		1032 »			1,033 »
Les sels contenaient :			Les sels contenaient :		
Acide phosphorique. . .	2 230		Acide phosphorique. . .	2 367	
— sulfurique. . . .	0 232		— sulfurique. . . .	0 120	
Chaux.	1 749		Chaux.	1 850	
Magnésie.	0 174		Magnésie.	0 207	
Potasse	1 639		Potasse..	1 710	
Soude.	0 509		Soude.	0 837	
Acide carbonique, chlore,			Acide carbonique, chlore,		
fer, etc.	0 667		fer, etc.	0 303	
Sels par litre.. . .	7 200		Sels par litre. . . .	7 400	

En comparant ces diverses analyses, on constate que le lait des vaches jersiaises est plus riche en beurre et en caséine et que la réputation de ces excellentes petites vaches est bien justifiée.

Les tableaux qui vont suivre font connaître la nourriture que les vaches ont reçue par jour et par tête pendant l'année 1888 et l'analyse trimestrielle du lait qu'elles ont donné.

NOURRITURE	ANALYSE	COMPOSITION DES SELS

JANVIER 1888

	Kgr. Gr.		Gr. Cgr.		Gr. Cg.
		Densité à 15°. 1,033 80		Acide phosphorique.	2 36
Paille............	8 »			» sulfurique ...	» 15
Fourrages secs....	6 »	Beurre par litre	50 60	Chaux...........	1 72
Betteraves.......	35 »	Albumine.....	7 »	Magnésie........	» 21
Son et remoulages.	1 500	Caséine......	29 30	Potasse..........	1 67
Tourteaux........	1 500	Sucre de lait..	52 10	Soude...........	1 04
Sel.............	» 40	Sels..........	8 »	Oxyde de fer, acide carbon. chlore, etc.	» 35
		Mat. fixes.... 147 »	147 »	Sels par litre.....	8 »
		Eau..........	886 80		

AVRIL 1888

	Kgr. Gr.		Gr. Cgr.		Gr. Cg.
		Densité à 15°. 1,032 »		Acide phosphorique.	2 404
Paille............	8 »			» sulfurique ...	» 129
Fourrages secs....	6 »	Beurre par litre	50 70	Chaux...........	1 772
Betteraves........	35 »	Albumine.....	5 20	Magnésie.........	» 202
Son et remoulages.	2 »	Caséine......	26 90	Potasse..........	1 842
Tourteaux........	1 500	Sucre de lait..	57 90	Soude..........	» 631
Sel.............	» 40	Sels..........	7 30	Acide carbonique, chlore, fer.......	» 320
		Mat. fixes.... 148 »	148 »	Sels par litre.....	7 300
		Eau..........	884 »		

JUILLET 1888

	Kgr. Gr.		Gr. Cgr.		Gr. Cg.
		Densité à 15°. 1,031 20		Acide phosphorique.	1 90
Paille............	8 »			» sulfurique ...	» 13
Pâture...........	35 »	Beurre par litre	41 30	Chaux...........	1 42
Son et remoulages.	1 750	Albumine.....	7 40	Magnésie........	» 21
Tourteaux........	1 250	Caséine......	24 30	Potasse..........	1 45
Sel.............	» 40	Sucre de lait..	49 80	Soude...........	» 93
		Sels..........	7 »	Acide carbonique, chlore, fer......	» 95
		Mat. fixes.... 129 80	129 80	Sels par litre.....	7 »
		Eau..........	901 40		

4

NOURRITURE	ANALYSE	COMPOSITION DES SELS
	OCTOBRE 1888	
Kgr Gr.	Densité à 15°. 1,031 40	Gr. Cg.
		Acide phosphorique. 2 05
	Gr. Cgr.	» sulfurique.... » 14
Paille........... 8 »	Beurre par litre 45 30	Chaux.. .... 1 56
Fourrages secs... 2 500	Albumine..... 6 »	Magnésie......... » 17
Pâture......... 35 »	Caséine....... 26 30	Potasse.......... 1 62
Sou et remoulages 2 500	Sucre de lait.. 53 20	Soude .... » 75
Tourteaux ...... 1 »	Sels.......... 7 20	Acide carbonique,
Sel............ » 40		chlore, fer...... » 91
	Mat. fixes.... 138 » 138 »	
		Sels par litre...... 7 20
	Eau............ 893 40	

2. — MATÉRIEL POUR LA VENTE DU LAIT

Le matériel spécial de la Laiterie a notablement augmenté dans ces dernières années, par suite de l'importance qu'a prise la vente du lait. Il se

Fig. 10. — **Paniers en osier.**

compose d'une machine à vapeur pour le rinçage des boîtes en cristal, de bacs à rafraîchir, de grands pots en fer battu, de 10,000 boîtes en cristal opaque, de caisses, de paniers, de voitures spéciales au transport du lait à la gare de Verneuil, d'un wagon réfrigérant, de presses à plomber, etc., etc.

Dans le principe, le lait d'Arcy était transporté dans des boîtes en fer battu d'un entretien difficile et coûteux. Aujourd'hui on l'expédie à Paris dans des boîtes en cristal opaque dont tout le monde apprécie les avantages. Ces boîtes spéciales reviennent chaque jour à Arcy après avoir été échaudées, lavées et rincées à l'eau froide. Avant de les utiliser de nouveau, on les échaude et on les rince de nouveau.

Les paniers sont en osier (fig. 10), ils comprennent 10 compartiments.

Les boîtes en cristal opaque sont de trois grandeurs différentes: (fig. 11), 2 litres, un litre et un demi-litre.

Fig. 11. — **Boîtes en cristal opaque.**

Un plomb spécial (fig. 12) sert à les sceller et ne permet pas de les ouvrir pendant le transport ou la livraison à domicile.

Figure 12.

Le dépôt de Paris possède des voitures à bras (fig. 13), des voitures attelées (fig. 14), un camion, des timbres à glace, des paniers en fer, etc., etc.

Les voitures à bras servent à la livraison du lait dans Paris dans un rayon de 500 mètres autour des dépôts.

Fig. 13. — **Voiture à bras.**

Les voitures attelées sont utilisées pour livrer le lait dans Paris dans un rayon qui excède la distance précitée.

Fig. 14. — **Voiture attelée.**

La valeur du mobilier affecté à la vente du lait s'élevait en 1888 à 73.000 francs.

X

VACHES LAITIÈRES

Les vaches qui peuplent les vacheries de la Ferme d'Arcy appartiennent pour la plupart à la race contentine ; elles sont choisies avec le plus grand soin ; elles sont généralement belles.

Ces vaches viennent presque toutes de la Normandie ; elles sont achetées à la commission ; le nom des vendeurs et leur domicile accompagnent la note d'avis d'expédition ; elles sont toujours prises chez des agriculteurs par une ou deux. Le commissionnaire est responsable des animaux jusqu'à Verneuil-Chaumes (Seine-et-Marne), gare d'arrivée ; il reçoit 40 francs de commission par tête et il est payé comptant.

On ne garde à Arcy d'une année sur l'autre que les vaches exceptionnellement bonnes ; les autres sont vendues pleines quand elles ont peu ou pas de lait, ou lorsqu'elles sont dans un état de gestation peu avancé ; elles sont remplacées par des vaches prêtes à vêler. C'est en faisant ce roulement qu'on parvient à obtenir un rendement moyen de 9 litres 13 centilitres par jour et par tête.

Les taureaux sont élevés à Arcy, ils ne sont mis en service qu'à l'âge de 16 à 18 mois et mis hors de service de 32 à 36 mois pour être livrés à la boucherie.

Quelques vaches et taureaux appartiennent à la race Jersiaise.

Toutes les vaches, dans chaque étable, sont inscrites sur un tableau avec leur numéro d'ordre, le numéro sous lequel elles figurent sur le registre matricule, la quantité de lait qu'elles donnent, la date de leur dernier vêlage, la date à laquelle elle a été saillie, la date probable de leur vêlage prochain si elles sont bonnes ou très bonnes laitières et enfin les incidents qui ont pu se produire dans le courant du mois.

SITUATION MENSUELLE DES VACHERIES AU 1ᵉʳ AVRIL 1889

Numéro d'ordre dans l'étable	MATRICULES	PRODUIT de lait par vache	DATES des derniers vêlages	GESTATIONS	Dates probables des vêlages	OBSERVATIONS

PREMIÈRE ÉTABLE. — Vaches.

Numéro d'ordre dans l'étable	MATRICULES	PRODUIT de lait par vache	DATES des derniers vêlages	GESTATIONS	Dates probables des vêlages	OBSERVATIONS
1	700	14 litres	22 janvier 1889	»	»	»
2	695	16 —	6 février 1889	»	»	»
3	698	16 —	21 janvier 1889	»	»	»
4	511	5 —	4 juillet 1888	27 février 1889	Novembre 1889	B. V. 3 pᵒⁿˢ.
5	529	6 —	12 septembre 1888	27 novembre 1888	Août 1889	»
6	158	8 —	16 septembre 1888	8 février 1889	Novembre 1889	3 pᵒⁿˢ.
7	561	7 —	10 mars 1888	1ᵉʳ février 1889	id.	TB.
8	650	13 —	3 octobre 1888	18 décembre 1888	Septembre 1889	B.
9	614	11 —	9 octobre 1888	21 décembre 1888	id.	B.
10	640	14 —	1ᵉʳ octobre 1888	13 janvier 1889	Octobre 1889	B.
11	639	16 —	29 octobre 1888	20 décembre 1888	Septembre 1889	B.
12	647	5 —	30 septembre 1888	31 janvier 1889	Octobre 1889	»
13	648	14 —	Sept. 1888 Normandie	19 mars 1889	Décembre 1889	B.
14	641	11 —	3 octobre 1888	4 mars 1889	id.	»
15	642	11 —	28 septembre 1888	id.	id.	»
16	645	10 —	9 octobre 1888	2 décembre 1888	Septembre 1889	»
17	649	11 —	27 septembre 1888	»	»	»
18	615	7 —	2 janvier 1889	»	»	B.
19	623	» —	31 décembre 1887	19 juillet 1888	Avril 1889	»
20	509	8 —	14 mars 1888	3 octobre 1888	Juillet 1889	TB.
21	526	12 —	22 février 1889	»	»	»
22	679	13 —	28 novembre 1888	»	»	B.
23	362	11 —	12 novembre 1888	14 mars 1889	Décembre 1889	TB.
24	3	2 — 5	9 juin 1888	26 août 1888	Mai 1889	»
25	2	11 —	4 janvier 1889	4 mars 1889	Décembre 1889	»
26	4	12 —	id.	»	»	»
27	1	10 —	20 janvier 1889	»	»	»
28	542	14 —	23 décembre 1888	»	»	»
29	336	24 —	26 mars 1889	»	»	Exceptionnelle
30	614	16 —	27 mars 1889	»	»	B. 3 pᵒⁿˢ.
31	555	12 —	20 janvier 1889	»	»	»
32	524	13 —	23 janvier 1889	»	»	3 pᵒⁿˢ.
33	495	12 —	4 mars 1889	»	»	TB.

Numéros d'ordre dans l'étable.	MATRICULES	PRODUIT de lait, par vache	DATES des derniers vêlages	GESTATIONS	Dates probables des vêlages	OBSERVATIONS

PREMIÈRE ÉTABLE. — Vaches *(Suite)*.

34	670	12 litres	4 décembre 1888	»	»	2 veaux
35	671	9 —	14 novembre 1888	10 janvier 1889	Octobre 1889	3 pons.
36	482	» –	22 juillet 1887	1er juillet 1888	Avril 1889	TB.
37	610	12 —	24 janvier 1889	»	»	»
38	514	12 —	14 février 1889	»	»	B.
39	714	12 —	5 février 1889	»	»	»
40	673	11 —	23 novembre 1888	»	»	»
41	677	11 —	3 décembre 1888	12 mars 1889	Décembre 1889	2 veaux.
42	706	16 —	14 mars 1889	»	»	»
43	707	18 —	10 février 1889	»	»	»

Moyenne de la production de la première Vacherie : 11 litres 20 centilitres par vache.

Taureaux { Matricule 35. — Taureau né le 14 octobre 1886, à Arcy.
         — 32. — Taureau né le 20 mars 1886, à Arcy.
         Fairy-King, né le 26 avril 1886, à Jersey.

DEUXIÈME ÉTABLE. — Vaches.

1	498	13 litres	27 janvier 1889	»	»	»
2	612	18 —	19 mars 1889	»	»	»
3	667	18 —	8 novembre 1888	24 février 1889	Novembre 1889	TB.
4	668	15 —	id.	19 janvier 1889	Octobre 1889	B.
5	669	17 —	7 novembre 1888	18 février 1889	Novembre 1889	B.
6	541	» —	8 avril 1888	12 juillet 1888	Avril 1889	B. 2 pons.
7	233	14 —	31 octobre 1888	»	»	B. 3 pons.
8	90	5 —	20 février 1888	1er décembre 1888	Septembre 1889	TB.
9	629	17 —	24 mars 1889	»	»	»
10	608	8 —	17 novembre 1887	18 juillet 1888	Avril 1889	»
11	321	10 —	17 août 1888	14 février 1889	Novembre 1889	B. 3 pons.
12	658	12 —	28 septembre 1888	»	»	»
13	712	14 —	6 février 1889	»	»	»
14	659	11 —	26 octobre 1888	2 février 1889	Novembre 1889	B.
15	656	11 —	3 octobre 1888	23 novembre 1888	Août 1889	B.
16	713	18 —	10 mars 1889	»	»	»

Numéros d'ordre dans l'étable	MATRICULES	PRODUIT de lait par vache	DATES des derniers vêlages	GESTATIONS	Dates probables des vêlages	OBSERVATIONS

DEUXIÈME ÉTABLE. — Vaches *(Suite).*

17	653	8 —	4 octobre 1888	9 février 1889	Novembre 1889	»
18	657	7 —	29 septembre 1888	»	»	»
19	563	12 —	Août 1888	16 novembre 1888	Août 1889	B.
20	710	16 —	3 mars 1889	»	»	»
21	690	17 —	18 novembre 1888	26 février 1889	Novembre 1889	TB
22	693	14 —	20 décembre 1888	22 février 1889	id.	»
23	691	16 —	17 décembre 1888	»	»	B.
24	665	10 —	Août 1888	31 décembre 1888	Septembre 1889	B.
25	664	11 —	Août 1888	17 mars 1888	Décembre 1889	TB.
26	711	17 —	12 mars 1889	»	»	»
27	660	14 —	29 septembre 1888	23 décembre 1888	Septembre 1889	TB.
28	543	16 —	15 mars 1889	»	»	TB. 3 pons
29	560	15 —	23 mars 1889	»	»	3 pons.
30	672	8 —	10 novembre 1888	»	»	»
31	674	13 —	1er décembre 1888	»	»	»
32	628	16 —	15 mars 1889	»	»	»
33	503	8 —	Vélée le 31 août 1889	11 février 1889	Novembre 1889	TB.
34	507	» —	10 juin 1887	22 mars 1888	Décembre 1888	TB.
35	74	4 —	1er mai 1888	9 février 1889	Novembre 1889	TB. vendu
36	565	17 —	26 octobre 1888	10 décembre 1888	Septembre 1889	TB.
37	597	13 —	20 octobre 1887	27 juillet 1888	Avril 1889	TB.
38	606	11 —	11 octobre 1888	9 mars 1889	Décembre 1889	»
39	603	5 —	3 novembre 1887	18 juillet 1888	Avril 1889	TB.
40	601	» —	9 novembre 1887	21 juillet 1888	id.	B
41	607	15 —	Vélée le 24 janv. 1889	»	»	»
42	604	15 —	7 mars 1889	»	»	B.
43	662	8 —	12 octobre 1888	»	»	»
44	652	14 —	11 octobre 1888	21 décembre 1888	Septembre 1889	B.
45	690	14 —	22 janvier 1889	»	»	»
46	697	14 —	24 janvier 1889	»	»	»
47	651	9 —	1er octobre 1888	21 février 1889	Novembre 1889	»
48	655	12 —	29 septembre 1888	16 janvier 1889	Octobre 1889	B.

Moyenne de la production de la deuxième Vacherie : 11 litres 80 centilitres par vache.

Taureaux } Matricule 38. — Taureau né le 27 février 1887, à Arcy.
— 37. — Taureau né le 20 novembre 1886, à Arcy.

TROISIÈME ÉTABLE. -- Vaches.

Numéros d'ordre dans l'étable	MATRICULES	PRODUIT de lait par vache	DATES des derniers vêlages	GESTATIONS	Dates probables des vêlages	OBSERVATIONS
1	521	» litres	18 février 1888	24 juillet 1888	Avril 1889	TB. 3 p^ons
2	702	15 —	16 février 1889	»	»	»
3	709	16 —	10 mars 1889	»	»	»
4	720	17 —	3 mars 1889	»	»	»
5	708	16 —	25 février 1889	»	»	»
6	723	18 —	2 mars 1889	»	»	»
7	528	» —	7 juin 1888	24 septembre 1888	Juin 1889	»
8	688	14 —	15 décembre 1888	8 mars 1889	Décembre 1889	B.
9	694	14 —	22 décembre 1888	17 mars 1889	id.	B.
10	622	9 —	15 janvier 1888	6 octobre 1888	Juillet 1889	B. 2 veaux
11	715	17 —	17 février 1889	»	»	»
12	718	15 —	4 mars 1889	»	»	»
13	719	14 —	9 février 1889	»	»	»
14	594	1 —	15 octobre 1888	9 juillet 1888	Avril 1889	B. 3 p^ons.
15	592	9 —	18 octobre 1888	22 décembre 1888	Septembre 1889	»
16	590	9 —	1er octobre 1888	3 décembre 1888	id.	»
17	595	15 —	5 décembre 1888	»	»	B.
18	596	15 —	27 novembre 1888	6 janvier 1889	Octobre 1889	TB.
19	716	18 —	11 février 1889	»	»	»
20	489	15 —	25 mars 1889	»	»	»
21	478	» —	7 mai 1888	20 juillet 1888	Avril 1889	B. 2 p^ons.
22	618	12 —	19 décembre 1888	25 février 1889	Novembre 1889	»
23	619	17 —	27 décembre 1888	15 février 1889	id.	TB.
24	625	12 —	22 novembre 1888	12 février 1889	id.	TB.
25	721	13 —	5 février 1889	»	»	»
26	621	5 —	5 janvier 1889	»	»	»
27	717	16 —	2 mars 1889	»	»	»
28	471	» —	13 novembre 1887	21 juillet 1888	Avril 1889	»
29	676	13 —	12 janvier 1889	»	»	»
30	675	14 —	19 novembre 1888	21 mars 1889	Décembre 1889	B.
31	680	10 —	Nov. 1888. Normandie	15 décembre 1888	Septembre 1889	»
32	722	14 —	10 mars 1889	»	»	»
33	634	14 —	31 août 1888	27 décembre 1888	Septembre 1889	TB.
34	637	5 —	Av. août 1888	22 décembre 1888	id.	»
35	635	10 —	Août 1888	15 février 1889	Novembre 1889	TB.
36	636	13 —	id.	28 décembre 1888	Septembre 1889	TB.
37	638	11 —	27 août 1888	27 novembre 1888	Août 1889	»
38	585	4 —	13 septembre 1888	25 novembre 1888	id.	»

Numéros d'ordre dans l'étable	MATRICULES	PRODUIT de lait par vache	DATES des derniers vêlages	GESTATIONS	Dates probables des vêlages	OBSERVATIONS

TROISIÈME ÉTABLE. — Vaches (*Suite*).

39	583	12 litres	9 octobre 1888	18 janvier 1889	Octobre 1889	»
40	581	16 —	22 septembre 1888	1er décembre 1888	Septembre 1889	TB.
41	582	11 —	Av. 8 août 1888	30 novembre 1888	Août 1889	TB.
42	586	19 —	21 octobre 1888	17 décembre 1888	Septembre 1889	TB.
43	594	18 —	26 octobre 1888	3 janvier 1889	Octobre 1889	TB.
44	588	9 —	Av. 30 juill. 1888	25 février 1889	Novembre 1889	B.
45	678	12 —	12 novembre 1888	»	»	»
46	626	» —	6 janvier 1888	19 août 1888	Mai 1889	»
47	593	13 —	2 octobre 1888	»	»	B.
48	563	19 —	26 février 1889	»	»	»
49	627	15 —	Av. 13 déc. 1888	»	»	TB.
50	470	5 —	28 janvier 1889	»	»	»
51	591	22 —	19 mars 1889	»	»	TB.

Moyenne de la production de la troisième vacherie : 11 litres 80 centilitres par vache.

Taureaux
- Matricule 34. — Taureau né le 26 juin 1886, à Arcy.
- — 36. — Taureau né le 15 novembre 1886, à Arcy.
- — 39. — Taureau né le 10 juin 1887, à Arcy.

QUATRIÈME ÉTABLE. — Vaches

1	701	16 litres	24 janvier 1889	»	»	B.
2	692	12 —	22 décembre 1888	17 février 1889	Novembre 1889	»
3	703	14 —	7 février 1889	»	»	»
4	684	8 —	8 août 1888	»	»	»
5	705	14 —	1er mars 1889	»	»	»
6	681	14 —	8 octobre 1888	1er mars 1889	Décembre 1889	TB.
7	683	13 —	19 novembre 1888	31 janvier 1889	Octobre 1889	»
8	686	12 —	2 décembre 1888	16 mars 1889	Décembre 1889	»
9	696	14 —	18 janvier 1889	»	»	»

Taureau : Matricule 29. — Taureau né en décembre 1886.

Numéro d'ordre dans l'étable	MATRICULES	PRODUIT de lait par vache	DATES des derniers vêlages	GESTATIONS	Dates probables des vêlages	OBSERVATIONS
			QUATRIÈME ÉTABLE (Suite). — Élevage.			
10	577	12 litres	19 février 1889	19 mars 1889	Décembre 1889	TB.
11	563	13 —	17 mars 1888	7 juin 1888	Mars 1889	»
12	570	4 —	Av. 28 juill. 1888	23 août 1888	Mai 1889	»
13	572	3 —	23 novembre 1888	20 septembre 1888	Juin 1889	»
14	571	» —	Av. 18 déc. 1887	24 novembre 1888	Août 1889	»
15	531	12 —	20 mars 1888	»	»	»
16	631	» —	10 avril 1888	19 novembre 1888	Août 1889	2 veaux jv. 87
17	632	» —	»	id.	id.	»
18	687	» —	»	»	»	»
19	633	» —	»	»	»	»
20	580	» —	10 mai 1888	30 juillet 1888	Avril 1889	TB.
21	630	12 —	2 mai 1888	23 juin 1888	Mars 1889	TB

Génisse jersiaise, née le 4 juillet 1888 — Taureau jersiais, né le 23 avril 1886
Moyenne de la production de la quatrième vacherie : 13 litres par vache.

Moyenne de l'ensemble des vacheries : 11 litres 74 centilitres par vache.

Les *productions journalières* les plus faibles et les plus élevées ont varié comme suit :

Minima. . . . . 4 à 5 litres
Maxima . . . . 22 à 24 —

J'ai dit précédemment qu'on livrait à la vente les vaches qui ne donnaient par jour que 6 litres de lait.

REGISTRE MATRICULE

Chaque vache a un dossier matricule mobile où tout ce qui la concerne est consigné :

Numéro d'ordre.	Poids de l'animal à son arrivée.
Date de son entrée à la ferme.	Poids à la vente.
Nom du vendeur.	Nom de l'acquéreur.
Prix d'achat.	Prix de vente.

Date de sortie.

Le 1er de chaque mois on mesure exactement la quantité de lait que donne chaque vache. Cette production est inscrite sur son état matricule, afin qu'on puisse la suivre au jour le jour et apprécier sa valeur au point de vue de la lactation. On ajoute sur chaque dossier les dates des saillies, des vêlages, ainsi que les maladies et les accidents.

Ci-contre, comme modèle, deux de ces dossiers.

FERME D'ARCY
L. NICOLAS, propriétaire

N° DE LA VACHE : **336.**

VACHERIE

Date de l'achat : **25 février 1882.**
Prix : **615 francs.**
Vendeur : **Barbé.**
Poids après vêlage : KILOGRAMMES
Signalement : **Moitié rouge et blanche, tête presque blanche, oreilles blondes, cornes refermées sur le front.**
Vices de conformation et particularités } **Bonne, Exceptionnelle.** Vaccinée les 3 et 15 octobre 1888.
Date du vêlage : **26 février 1882.**
Entrée à l'étable après quarantaine de **54 jours.**
Cocotte en janvier 1883.

Concours d'Amsterdam 19 août 1884, rentrée à l'Etang le 3 septembre suivant. — Concours de Paris du 25 janvier au 1er février 1888. — Entrée à l'étable après une quarantaine de 15 jours à l'Etang.

Saillie le **15 janvier 1883.**	*Saillie le* **30 octob. 1883.**	*Saillie le* **10 décemb. 1884.**
Vélée le **7 sept. suivant.**	*Vélée le* **24 juin 1884.**	*Vélée le* **4 novemb. 1885.**
QUANTITÉ DE LAIT APRÈS :	QUANTITÉ DE LAIT APRÈS :	QUANTITÉ DE LAIT APRÈS :
1 *mois* **20** — 5 *mois* **22**	1 *mois* **20** — 5 *mois* **13**	1 *mois* **20** — 5 *mois* **17**
7 *mois* **15**	7 *mois* **15**	7 *mois* **15**
Saillie le **1er février 1886.**	*Saillie le* **2 avril 1887.**	*Saillie le* **24 juin 1888.**
Vélée le **14 novemb. 1886.**	*Vélée le* **8 janvier 1888.**	

PRODUCTION

ANNÉES	JANVIER	FÉVRIER	MARS	AVRIL	MAI	JUIN	JUILLET	AOUT	SEPT.	OCTOBRE	NOVEMB	DÉCEMB.
1882 (1)	»	»	13	13 $^{1/2}$	12 $^{1/2}$	6	14	5 $^{1/2}$	13	12	12	11
1883 (2)	8	10	9	11	7 $^{1/2}$	4	»	»	20	25 $^{1/2}$	24	20
1884 (3)	22	22	15	12	9	»	20	Concours	9	14	13 $^{1/2}$	14
1885	15	14	6	8	9	8	4	»	»	»	20	21
1886	25	18	17	17	15	13	10	5	»	»	23	29
1887	26	20	20	21	19	14	14	12	9	5	»	»
1888	Concours	19	21	21	20	16	17	15	14	13	5	3
1889	»	»	»	»	»	»	»	»	»	»	»	»

(1) 1re Étable. — (2) Étang, 3 septembre 1884. — (3) 1re 22 septembre 1884.

Vendue le
Prix : Fr.   *Poids au moment de la vente : Kgr.*

FERME D'ARCY   Nᵒ DE LA VACHE : **521**
L. NICOLAS, propriétaire

VACHERIE

Date de l'achat ou de la naissance : **Née le 8 août 1879, à la Ferme, de la vache nᵘ 59 et du taureau nᵒ 6.**

Prix :

Vendeur :

Poids après vêlage : Kilogrammes **525.**

Signalement : **Rouge bringuée, tête blanche, nez et yeux rouges, cornes recourbées en dedans.**

Vices de conformation et particularités } **Vaccinée les 3 et 15 octobre 1888. (Très bonne).**

Date du vêlage : **10 janvier 1883.**

Entrée à l'étable après quarantaine de

Concours de Melun le 23 mai 1887. Rentrée à l'Etang le 1ᵉʳ juin et à la ferme le 11 juin après quarantaine de 10 jours. — 1ᵉʳ prix 400 francs, nᵒ 60 du Catalogue, et dans le prix d'ensemble.

Saillie le **12 mars 1883.**	*Saillie le* **5 avril 1884.**	*Saillie le* **30 mars 1885.**
Vêlée le **15 décemb. 1883.**	*Vêlée le* **8 janvier 1885.**	*Vêlée le* **3 janvier 1886.**
QUANTITÉ DE LAIT APRÈS :	QUANTITÉ DE LAIT APRÈS :	QUANTITÉ DE LAIT APRÈS :
1 *mois* **15** — 5 *mois* **12**	1 *mois* **18** — 5 *mois* **17**	1 *mois* **19** — 5 *mois* **16**
7 *mois* **10**	7 *mois* **15**	7 *mois* **15**
Saillie le **22 mai 1886.**	*Saillie le* **16 mai 1887.**	*Saillie le* **24 juillet 1888.**
Vêlée le **26 février 1887.**	*Vêlée le* **18 février 1888.**	

PRODUCTION

ANNÉES	JANVIER	FÉVRIER	MARS	AVRIL	MAI	JUIN	JUILLET	AOUT	SEPT.	OCTOBRE	NOVEMB	DÉCEMB
1883	12	12	12	10	8	8	6	5	»	»	»	15
1884	15	15	14	14	12	12	10	8	7	»	»	»
1885	18	18	17	19	17	16	15	14	10	8	»	»
1886	19	19	17	17	16	15	15	13	11	11	7	»
1887	»	22	23	23	21	20	19	16	15	10	8	»
1888	»	23	23	22	22	20	13	18	16	14	11	9
1889	»	»	»	»	20	»	»	»	»	»	»	»

Vendue le

Prix : Fr.   *Poids au moment de la vente : Kgr.*

TABLE DES MATIÈRES

Achevé d'imprimer
par Cerf et Fils, à Versailles
le 22 juin 1889

www.ingramcontent.com/pod-product-compliance
Lightning Source LLC
Chambersburg PA
CBHW070901210326
41521CB00010B/2019